# 暗号技術の 教科書

吹田智章 ● 著
Toshiaki Suita

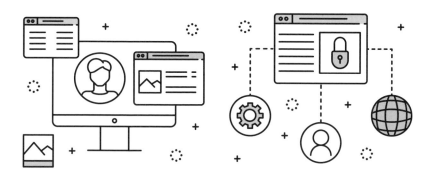

Rutles

# はじめに

　私が『暗号のすべてがわかる本…デジタル時代の暗号革命』を技術評論社から出版させて頂いてから既に20年が経過した。
　この本は歴史上の暗号とそれにまつわる話題を取り上げ、その進化が現在のデジタル社会を支える暗号技術へと進化したことを様々なエピソードと共に紹介している。さすがに出版社が付けた『すべてがわかる…』というタイトルには恥ずかしい思いをしたものであるが。

　現在、社会を支えるICT（通信情報技術）は暗号技術無しには成立し得ないと断言できる。さらに金融の世界を変えようとしているフィンテック（Fintech）も同様だ。金融のあり方に一石を投じたとも言える仮想通貨の登場も何かと話題に上っている。
　コネクテッド・カーや自動運転、IoTのセキュリティのためにも暗号技術は役に立つことだろう。
　20年前には想像もできなかった暗号の応用技術が登場し、中にはハッキングされてしまった暗号が問題になったり、量子コンピュータが暗合を脅かせていたりする。
　改めて『暗号のすべてがわかる本』の改訂版出版の機会を頂いたことをきっかけに、20年前には紹介できなかった新しい暗号技術やエピソードを加えて紹介してゆきたいと思う。

　では簡単に本書の内容を紹介していこう。

　カエサルの時代には既に使われていた暗号。権力者たちの道具であった暗号は時に歴史を作り、また、数々の悲劇をも生んできた。
　私が暗号に出会ったのは小学生の頃、月刊少年雑誌の付録についていた少年探偵手帳のようなものだったように記憶している。
　そんな非日常的であった暗号がいつのまにか我々の生活に欠かせない技術となり、また学問になっていた。時の流れは暗号を時代の寵児としてしまった。
　そんな中、暗号の本が多数出版されているが、その多くは数学者や専門家向けのものであったり、中には入門書とは言うものの説明の難解なものも多い。

そんなわけで本書では難しい数学の話しは程々にして気軽に暗号について知ってもらえるように話題を集めてみた。

「私には暗号なんて関係がないし使ってもいない」とは言っても暗号技術は我々の社会のあちこちで利用されており、知らず知らずのうちに暗号を利用しているかもしれない。

　本書を読んでいただければその一部をうかがい知ることができるだろう。

　一部、専門的で難しい所があったなら読み飛ばしてかまわない。


　第1部「黎明期の暗号とその分類」では暗号とは、そして過去の暗号法を分類して紹介する。


　第2部「近代暗号と暗号機械の誕生」では試行錯誤から生まれた様々な暗号機械の登場と戦後までを振り返ってみた。

　また、ここでは過去に利用された多項式暗号の実際の解読方法の例を紹介する。


　第3部「エレクトロニクスと暗号技術」ではエレクトロニクスと暗号のかかわりを紹介してゆく。狭義には暗号とは言えない内容も含まれているが、エレクトロニクスに暗号がどのように関わってくるか、その必要性やデジタル化がいかに暗号を扱う上で有利かなどを知る参考になるだろう。


　第4部「サイバー時代の暗号技術」では今、主流となっている暗号のアルゴリズムやそれを取り囲む話題などを紹介する。

　仮想通貨のブロックチェーンやそのベースのひとつハッシュ値、いまや暗号存続の脅威となっている量子コンピュータについてもその仕組みを解説する。


　暗号を取り巻く環境は単なる秘匿通信ばかりではなく、政治、経済、エレクトロニクス、通信、数学など多くの分野にまたがっている。興味ある分野から暗号を見てみるのも一興だろう。


　改めて改訂版出版に快諾を頂いたラトルズ、そして吉田編集長に感謝の意を表します。

Digital Cypher Revolution
デジタル暗号革命

# Contents

はじめに …… 002

# 第1部
# 黎明期の暗号とその分類

1-1　なぜ今、暗号がトレンドなのか
　　　デジタル技術で生かされる暗号テクノロジー …… 010

1-2　暗号の定義 …… 011

1-3　通信の変遷と暗号 …… 012

1-4　方言は暗号だった!? …… 017

1-5　スーパー・コンピュータとカエサルの関係 …… 019

1-6　少女たちは暗号を使いこなす!? …… 021

1-7　世界最古の暗号装置スキュタレー …… 024

1-8　小野小町　和歌に隠された暗号 …… 028

1-9　実在したモノリス …… 030

1-10　日本書紀の暗号 …… 033

1-11　逐次暗号とブロック暗号 …… 034

# 第2部
# 近代暗号と暗号機械の誕生
# 　―近代暗号史

2-1　拡張力サエル暗号 …… 036

2-2　物理者が作った暗号機械 …… 037

2-3　電動機械式暗号機の登場 …… 038

| 2-4 | 暗号の天才、フリードマンの登場 …… 040 |
| 2-5 | テレタイプ式自動暗号機の誕生 …… 041 |
| 2-6 | シリンダー暗号機M-94 …… 043 |
| 2-7 | エニグマ暗号機械の誕生 …… 044 |
| 2-8 | 007も伊達じゃない。イギリス情報部 …… 045 |
| 2-9 | どっちが先、英米コンピュータ競争 …… 047 |
| 2-10 | 14万台生産された合衆国陸軍M-209機 …… 049 |
| 2-11 | 米国が生んだ暗号機「シガバ」…… 052 |
| 2-12 | 九七式暗号機とパープルの誕生 …… 053 |
| 2-13 | マジックvsパープル …… 055 |
| 2-14 | 秘密主義の犠牲 …… 056 |
| 2-15 | 太平洋戦争と暗号 …… 057 |
| 2-16 | 推理小説と暗号 …… 059 |
| 2-17 | ベルヌ,多表式暗号を解読する …… 062 |
| 2-18 | 多表式暗号を解く正攻法 …… 068 |

# 第3部
# エレクトロニクスと暗号技術

電子時代のサイバー暗号 …… 072

## ●第1章 ハイパー・プロテクト AV編

| 1-1 | コピーすると画像の乱れるビデオテープの謎 …… 074 |
| 1-2 | コピープロテクトがCDドライブを破壊する!?<br>〜コピーコントロールCDの闇 …… 077 |
| 1-3 | 一世代までしかコピーできない録音テープの不思議<br>〜早すぎたDATの誕生 …… 082 |
| 1-4 | 著作権保護技術てんこ盛りのDVD。それでも破られたのはなぜ? …… 085 |
| 1-5 | メーカーとコンテンツホルダーの憂鬱 …… 091 |
| 1-6 | デジタル放送<br>〜なぜB-CASカードが必要か …… 097 |

1-7 HDTVから4Kへ
　　～Blu-ray Disc（ブルーレイディスク）の登場 …… 100


## ●第2章　通信編

2-1 アナログからデジタルへ
　　～通信方式の変遷とプライバシー保護 …… 103

2-2 インターネットの安全性を確保する …… 106

2-3 デジタルでも盗聴された警察無線！…… 110

2-4 鍵がないと動かない自動車のはずだが …… 114


## ●第3章　コードとカード編

3-1 鍵がないと動かないプログラム
　　～電子の鍵　デバイスキー方式プロテクト …… 119

3-2 ポーと秘密インク
　　～見えないバーコード …… 120

3-3 書かれていないのに価格のわかるバーコードの謎 …… 124

3-4 価格表に隠された秘密（隠された原価）…… 129

3-5 磁気で書かれた情報
　　～クレジットカードとキャッシュカード …… 130

3-6 なぜテレホンカードは変造されたのか …… 134

3-7 半導体がカードを守る
　　～ICカードの登場 …… 137


# 第4部
# サイバー時代の暗号技術


## ●第1章　共通鍵暗号

1-1 共通鍵暗号の要素技術 …… 143

1-2 ブロック暗号モードの操作
　　（Block cipher modes of operation）…… 145

1-3 共通鍵暗号DESの登場 …… 148

1-4 「あみだ」から生まれた国産暗号アルゴリズムFEAL …… 157

1-5 DESからAESへ
　　　～次世代暗号の登場 …… 161

## ●第2章　公開鍵暗号

2-1 共通鍵暗号から公開鍵暗号へ …… 167

2-2 鍵を安全に届ける数学のマジック
　　　～DH鍵交換 …… 168

2-3 RSA暗号の登場 …… 170

2-4 公開鍵（暗号化鍵）で解読できない暗号のふしぎ …… 171

2-5 公開鍵暗号の弱点 …… 174

2-6 公開鍵暗号の世代交代
　　　～楕円曲線暗号へ …… 177

## ●第3章　電子署名

3-1 一石二鳥、公開鍵暗号の効用
　　　～ 電子署名 …… 180

3-2 電子署名の肝 ハッシュ関数 …… 181

3-3 あなたは誰?
　　　～公開鍵の認証をどうするか …… 184

3-4 認証局がなければ
　　　～もう1つの認証方法 …… 186

3-5 鍵事前配布方式KPS …… 187

## ●第4章　電子商取引

4-1 電子認証とEコマース …… 189

4-2 クレジット決済システム …… 193

4-3 クレジットから電子マネーへ …… 195

4-4 電子マネーのためのブラインド署名 …… 198

## ●第5章　埋め込まれたコード　電子透かし

5-1 著作物と電子透かし …… 202

5-2 電子透かしとは …… 204

5-3　電子透かしの新たな用途……207

5-4　電子透かしに代わるもの ……208

5-5　AIの驚異が迫る ……209

5-6　イスラエル生まれの画像化暗号ソフト ……210

## ●第6章　広がる暗号技術の利用と次世代暗号技術

6-1　暗号技術の解放
　　　～大衆のための公開暗号　PGP …… 211

6-2　新しい公開鍵のカタチ
　　　～IDベース暗号（IBE）…… 213

6-3　仮想通貨を繋ぐ!?
　　　～ブロック・チェーン…… 215

6-4　迫りくる量子コンピュータの驚異
　　　～量子コンピュータとは…… 223

## ●第7章　暗号攻撃とタンパ・レジスタント・ソフトウエア技術

7-1　暗号攻撃法 ……228

7-2　暗号ソフトを守る ……231

## ●第8章　国家と暗号

8-1　米国の暗号政策……234

8-2　失敗した暗号管理　鍵供託システム ……235

8-3　日本の暗号とセキュリティ政策 ……237

おわりに …… 239

# 資料編

参考図書 …… 242
コンテンツ保護関連用語一覧 …… 244
世界の暗号関係機関 …… 246
年表 …… 247

索引 …… 251

Digital
Cypher
Revolution

# 第1部
# 黎明期の暗号とその分類

「黎明期の暗号とその分類」では暗号とは、
そして過去の暗号法を分類して紹介する。

- 1-1　なぜ今、暗号がトレンドなのか
　　　デジタル技術で生かされる暗号テクノロジー
- 1-2　暗号の定義
- 1-3　通信の変遷と暗号
- 1-4　方言は暗号だった!?
- 1-5　スーパー・コンピュータとユリウスの関係
- 1-6　少女たちは暗号を使いこなす!?
- 1-7　世界最古の暗号装置スキュタレー
- 1-8　小野小町　和歌に隠された暗号
- 1-9　実在したモノリス
- 1-10　日本書紀の暗号
- 1-11　逐次暗号とブロック暗号

# 1-1 なぜ今、暗号がトレンドなのか
## デジタル技術で生かされる暗号テクノロジー

「暗号」ということばにはなにか暗い響きを感じる読者も多いかもしれない。

従来「暗号」は秘匿情報伝達手段という軍事、諜報技術として発達しており、軍事機密という厚いベールに包まれ、我々の生活には縁遠い存在であった。

せいぜいが探偵小説や推理小説などで触れる機会があったという程度のものに感じているだろう。

しかし、エレクトロニクス分野におけるデジタル技術デジタル通信技術の発達による情報通信ネットワークの拡大は思わぬところに新しい「暗号」技術の需要を生み出した。

音楽CD(Compact Disk)の登場はアナログレコードを駆逐し、やがて画像や動画などのデジタル化を促進した。その後デジタル化された書籍、音楽、映像などのデジタルコンテンツはインターネットなどのサイバー空間へと広がりだした。

従来のアナログ方式によるデータの複製(印刷物のコピー、カセットテープによる録音VHS方式のビデオ録画)などと比較し、デジタル化された著作物はそのオリジナルの特性をまったく損なうことなく複製が可能であり、そのメディアの複製に要するコスト、例えばCD-ROM 1枚の製作費用はたばこ1箱より安い。このような状況からこれら著作物を保護する手段(電子透かしやコピープロテクト)が必要となった。

一方、インターネットの普及はその特質上、盗み見られない安全な電子メールの交換や「なりすまし」の防止対策などが求められるようになってきた。

特に電子マネーや電子商取引(エレクトロニックコマース、eコマース)を安全におこなうための技術(金額の改ざん防止、二重使用防止、なりすまし防止など)の必要性など、いまや「暗号」は情報を秘匿する技術のみならす「保護」「認証」といった目的のための現代社会に欠くことのできないキー・テクノロジーに発展している。

電子暗号技術はデジタル技術と各種数学的処理により成立しており、この技術は今後のエレクトロニクスの発達に不可欠なものとしてさらに応用分野が広がってゆくことが予想される。

また、一方では旧来の暗号もさまざまな分野に生きて活躍していることも忘れてはならない。古典的暗号から電子暗号まで「暗号」が現代生活にどのように利用されているか、意外なところで活躍している「暗号」やそのしくみなどを紹介してゆく。

# 1-2 「暗号」の定義

　暗号法を英語ではクリプトグラフィー(Cryptography)、暗号(文)はサイファー(CypherまたはCipher)が使用される。

　Cryptographyはギリシャ語のCrypt(地下室、隠れた)とGraphy(記述、記述法)の合成語であることから何となく意味を感じることができる。

　一方、Cipherはアラビア語のゼロ、アラビア数字の意味があり、アラビア数字の伝播とヨーロッパ人の不思議な数字ゼロとの出会いの様子が感じ取れる。

　日本では江戸末期の朱子学者、頼山陽(1780～1832)の22巻にわたる『日本外史』の中に「暗号」ということばが初めて登場したと言われている。

　国語辞書をひもとくと「暗号とは秘密通信のため当事者間のみの約束に従って原通信文(平文)に特定の変形を加えること。」(平凡社マイペディア)といったことが書かれている。

　メッセージの発信者が普通の通信文である平文(plain text)に特定の変形を加えることにより暗号化(encipherment)するわけだが、この暗号文を作成する手法を「アルゴリズム(algorithm)」または「暗号法」と言い、暗号化された文を「暗号文」と呼ぶ。

　暗号化により第三者、盗聴者などにその内容が理解できないようにすることが目的であるわけだがその方法は多岐に渡る。

　一方、暗号文を平文に戻す作業を「復号(decryption、decipherment、decord)」または「翻訳」と言う。

　本来暗号を受け取るはずの受信者以外の者が、故意または偶然にその通信を受信することを「傍受」、通信内容を利用する目的で受信することを「盗聴(intercept、eavesdrop)」と言う。また、有線通信において通信経路の途中に電線を接続して盗聴することを「ワイヤータップ(wire tap)」と言う。

　このようにして入手した暗号文を第三者が読もうとする行為を「解読(decipherment)」または「破る(breake)」や「クラック(crack)」などと呼ぶ。ただし、解読は本来の受信者の復号をも意味することばであり、「破る」や「クラック」は社会での非合法的な行為の意味合いを持つ。

　これら暗号文を破ろうとすものを「攻撃者(アタッカー attacker)」、解読行為を「攻撃(アタック)」とも呼ぶ。また、解読をおこなうための分析作業を「暗号解析」と言う。

ソフトウエアの保護機構を無意味にする行為も同様に「破る」や「クラック」と呼ばれ、その行為をおこなう者を「クラッカー（cracker）」と呼ぶ。従来は「ハッカー（hacker）」と呼ばれていたが、本来の意味とは異なるため使い分けられるようになってきた。

　暗号文を解読するために使われる数字列や文字列を「鍵（key）」または「鍵字列（キーワード）」と呼ばれるが、「キーワード」は今や一般にも広く使われている。

　一般に暗号と言った場合には、暗号文であったりアルゴリズムであったりと広い意味で使われている。


　辞書などに書かれている暗号の定義には「保護」、「認証」といった機能は語られず、現代のサイバー暗号の働きすべては語られていない。

　サイバー暗号では符号化をおこなったデータを整数論や代数幾何など数学的手法で暗号化処理をおこなうことにより、データの秘匿、保護、認証といった働きをになう。

　音声通信や画像通信を第三者に判読できないようにすることは「スクランブル」。また、著作作品を保護するためにおこなう複製防止を「コピープロテクト」や単に「プロテクト」と呼ぶ。

# 1-3 通信の変遷と暗号

　暗号研究家の長田順行氏（1929～2007）の暗号分類に「未知のことば」という分類がある。これは暗号には含まれないが、この中の「通信語」こそが情報通信で使用される分野で、近代暗号からサイバー暗号への変遷に大きく関わる分野と言える。

　長田氏の分類では「通信語」にはモールス符号、略字、点字、指話、手話などがあげられている。

　文書以外による通信方法には、古くは狼煙による煙、松明や鏡の反射による光通信、太鼓などの音響による通信などがあげられる。煙の出かたや太鼓の叩き方といった符号に、それぞれの意味を与えた通信では詳細な情報伝達には不向きだが、通信技術の発達していない当時としては遠距離間でスピーディーな情報伝達が可能だったと言えるだろう。

　近代に入ってから登場したモールス符号（電信）は無線通信による広域、遠方への

通信手段となった他、近距離では光によるモールス符号での船舶間の通信などにも利用された。モールス符号は短点と長点のほか符号間、字間、語間の間隔という5つの要素から成り立ち、組み立てた符号を文字に割り振ったものだ。欧文の符号では使用頻度の多い単語を短くするように工夫されており、和文ではこれを元に足りない分の符号を追加している。

**▼モールス符号**

| モールス信号 | 欧文 | 和文 |
|---|---|---|
| ・− | A | イ |
| ・−・− | | ロ |
| −・・・ | B | ハ |
| −・−・ | C | ニ |
| −・・ | D | ホ |
| ・ | E | ヘ |
| ・・−・・ | | ト |
| ・・−・ | F | チ |
| −−・ | G | リ |
| ・・・・ | H | ヌ |
| ・・ | I | 濁点 |
| −・−−・ | （ 左括弧 | ル |
| ・−−− | J | ヲ |
| −・− | K | ワ |
| ・−・・ | L | カ |
| −− | M | ヨ |
| −・ | N | タ |
| −−− | O | レ |
| −−−・ | | ソ |
| ・−−・ | P | ツ |
| −−・− | Q | ネ |
| ・−・ | R | ナ |
| ・・・ | S | ラ |
| − | T | ム |
| ・・− | U | ウ |
| ・−・・− | | ヰ |
| ・・−− | | ノ |
| ・−・・・ | | オ |
| ・・・− | V | ク |
| ・−− | W | ヤ |
| −・・− | X | マ |
| −・−− | Y | ケ |
| −−・・ | Z | フ |
| −−−− | | コ |
| −・−−− | | エ |
| ・−・−− | | テ |
| −−・−− | | ア |
| −・−・− | | サ |

| モールス信号 | 欧文 | 和文 |
|---|---|---|
| −・−・・ | | キ |
| −・・−− | | ユ |
| −・・・− | 二重線 | メ |
| ・・−・− | | ミ |
| −−・−・ | | シ |
| ・−−・・ | | ヱ |
| −−・・− | | ヒ |
| −・・−・ | ／ 斜線 | モ |
| ・−−−・ | | セ |
| −−−・− | | ス |
| ・−・−・ | ＋ 加算記号 | ン |
| ・・−−・ | | ゜（半濁点） |
| ・−−−− | 1 | 一 |
| ・・−−− | 2 | 二 |
| ・・・−− | 3 | 三 |
| ・・・・− | 4 | 四 |
| ・・・・・ | 5 | 五 |
| −・・・・ | 6 | 六 |
| −−・・・ | 7 | 七 |
| −−−・・ | 8 | 八 |
| −−−−・ | 9 | 九 |
| −−−−− | 0 | 〇 |
| 符号 | | |
| ・−−・− | | 長音 |
| ・−・−・− | ．終点 | 、区切り点 |
| ・・−・・ | | 」段落 |
| −・−−・− | ）右括弧 | 下向き括弧 |
| ・−・・−・ | ""引用符 | 上向き括弧 |
| −−・・−− | ，小読点 | |
| | | 重点 |
| −−−・・・ | ÷ 除去記号 | |
| ・・−−・・ | ？問符 | |
| ・・・−・ | 略符 | |
| | 連続線 | |
| −・・・・− | 横線 | |
| −・・・・− | − 減算記号 | |
| −・・− | × 乗算記号 | |

黎明期の暗号とその分類

**▼モールス符号の構成**

| | | |
|---|---|---|
| 短点 | ■ | 1（短点を1としたときの長さ） |
| 長点 | ■■■ | 3 |
| 短点や長点の間隔 | □ | 1 |
| 字と字の間隔 | □□□ | 3 |
| 語と語の間隔 | □□□□□□□ | 7 |

モールス符号は短点と長点のみの組み合わせと思われがちだが、3種類のスペースも重要となる

　また、船上、船舶間通信には手旗信号なども用いられているが、光によるモールス符号での通信と同様に通信範囲が可視範囲に限られる。このことは広範囲に渡り伝わってしまう電波による通信と異なり、逆に秘匿性を高めることが可能になる。

　モールス符号ではどうしても符号が長くなり冗長度が高いため、通信文を短くするために略符号などが用いられるようになった。たとえば「Your」を「UR」、「see you」を「CU」といった具合に発音を単語に置き換えたり、単語の一部の文字を使用するといった方法が利用されている。たとえばアマチュア無線などで利用されているQ略語などのように決められた略語が用意されている。

　最近では利用する機会の減った電信の利用などにおいても、祝電や慶弔電文などの定型文書は略語が利用されている。この電信においては略語は一字を間違えても意味がまったく異なってしまうため、通信では誤り検出用の符号を追加しておこなわれていた。現在おこなわれている電信サービスはモールス信号によるものではなく、テレタイプにより自動的に配達局（委託先）に送信されるようになっている。

　ちなみにコンピュータやオーディオCDなどでも誤り訂正用にパリティービットが使用されている。

**▼略符号**

| | | |
|---|---|---|
| CU | see you | またね |
| NW | now | 今 |
| TU | Thank you | ありがとう |
| UR | Your | あなたの |
| RPT | Repeat | 反復してください |
| R | Roger | 了解しました |

　コンピュータ時代に入り、2進数に変換されたデータを元に高速な通信をおこなう、新しいデジタル通信時代が築き上げられた。

ここで重要なキーワードのひとつは ASCII コード[*1]と呼ばれる、米国標準協会（ASA）が制定したテレックスなどで使用される 7 ビットの通信用コードで、データ制御コード、記号、数字、英文字などを割り当てたものである。

　1970年台に入り 8 ビットマイクロプロセサが登場すると、プログラムや文字を扱うために ASCII コードを使用するようになった。7 ビットの ASCII コードを 8 ビットに割り当てたことから80h[*2]以降に空きが生じた。日本ではここにカタカナを割り当てた通称 ANK（JIS X0201）を作成し、使うようになった。8 ビットのデータは可読性を高めるため 4 ビットずつ16進数で表し、コンピュータに人間のことばを伝えるための手段となったのだ。

## ▼ ASCII コード＋ ANK コード （JIS X 0201）

| 下位 ＼ 上位 | 0 | 1 | 2 | 3 | 4 | 5 | 6 | 7 | 8 | 9 | A | B | C | D | E | F |
|---|---|---|---|---|---|---|---|---|---|---|---|---|---|---|---|---|
| 0 | NUL | DEL | (SP) | 1 | @ | P | ` | p | | | | － | タ | ミ | | |
| 1 | SOH | DC1 | ! | 2 | A | Q | a | q | | | 。 | ア | チ | ム | | |
| 2 | STX | DC2 | ″ | 3 | B | R | b | r | | | 「 | イ | ツ | メ | | |
| 3 | ETX | DC3 | # | 4 | C | S | c | s | | | 」 | ウ | テ | モ | | |
| 4 | EOT | DC4 | $ | 5 | D | T | d | t | | | 、 | エ | ト | ヤ | | |
| 5 | ENQ | NAK | % | 6 | E | U | e | u | | | ・ | オ | ナ | ユ | | |
| 6 | ACK | SYN | & | 7 | F | V | f | v | | | ヲ | カ | ニ | ヨ | | |
| 7 | BEL | ETB | | 8 | G | W | g | w | | | ァ | キ | ヌ | ラ | | |
| 8 | BS | CAN | ( | 9 | H | X | h | x | | | ィ | ク | ネ | リ | | |
| 9 | HT | EM | ) | 0 | I | Y | i | y | | | ゥ | ケ | ノ | ル | | |
| A | LF | SUB | * | : | J | Z | j | z | | | ェ | コ | ハ | レ | | |
| B | VT | ESC | + | ; | K | [ | k | { | | | ォ | サ | ヒ | ロ | | |
| C | FF | IS4 | , | < | L | ¥ | l | \| | | | ャ | シ | フ | ワ | | |
| D | CR | IS3 | − | = | M | ] | m | } | | | ュ | ス | ヘ | ン | | |
| E | SO | IS2 | . | > | N | ^ | n | ~ | | | ョ | セ | ホ | ゛ | | |
| F | SI | IS1 | / | ? | O | _ | o | DEL | | | ッ | ソ | マ | ゜ | | |

ASCIIではここまでしか使われていない（00〜7F）

通信の制御コード, テレタイプでの印刷のための制御コード等が割り当てられてた

日本で追加したコード

| 例 | 41 53 43 49 49 20 | 43 6F 64 65 |
|---|---|---|
| 意味 | A S C I I [space] C o d e | ASCII Code |

015

日本語においてはASCIIコードに漢字を割り当てるには空きが少な過ぎたことから、新たに漢字を割り当てた2バイト[3]コードによるJIS漢字（JIS X0208）が作成されて用いられるようになり、DOS～Windows系パソコンでは文字コードにShift JISコードが用いられている。Macintoshでは幾つかの変遷をたどり、BSD UNIXベースとなったMac OSXではUnicodeが採用されている。

現在、インターネットでは各国の言語に対応できるUnicodeが採用されているが、日本語にはUTF-8（8bit単位で可変長の文字符号化形式）、UTF-16（16bit単位で可変長の文字符号化形式）が採用されるようになった。

16進数はコンピュータの中の論理回路においては4ビットの2進数に変換されて使用される。2進数は数学的には1、0で表現されるが、電気回路では電圧のH（Hi）、L（Lo）また、磁気記憶では極性の反転のあり、なしで、通信回路では電圧のH、Lや変調周波数の切り替えなどによって2進数が表現される。磁気記憶や通信の変調方式には様々な方法が使用されている。

サイバー暗号はこのようにして2進数にコード化されたデータを、数学の整数論や楕円曲線の群構造などを駆使し暗号化しているのだ。

暗号研究家の長田順行氏は暗号法を次のように分類している。

**▼暗号法の分類**

| 換字式（代用法） | 平分を他の文字、符号などに置き換える。カエサル暗号、拡張カエサル暗号、上杉暗号など |
|---|---|
| 転置式（置換法） | 平分の順序を入れ替える。（アナグラム）スキュタレー暗号、吉備真備のクモの経路など |
| 分置式（挿入法） | 平分の間に別の音や文字をはさむ |
| 約束語（隠語） | 単語を別の意味に変える |
| 隠文式（寓意法） | 遠回しに表現。たとえばなし |
| 混合式 | これらを組み合わせた方法 |

これら分類に沿って暗号法を見ていこう。

---

*1 ASCIIコード（アスキー・コード）：American Standard Code for Information Interchange 情報交換用米国標準コード。ASCIIコードはテレックスでの通信を意識した7ビットコード（欧州では6ビットを推進）として誕生したが、8ビットパソコンで使うにも都合が良く1バイト（byte）コード（バイトは1文字を表現する単位）として定着した。2バイトコードは1文字を表現するのに16ビット使用するということになる。

*2 80h：hは16進数を表す「hexadecimal」の頭文字。アセンブリ言語で使われる表記方法であるが、この表記法はプログラム言語、その使い方等で様々な表記がおこなわれる。16進数は0から9までの数字と10から15までを、アルファベットのAからFに割り当てたもので16で桁上げする。2進数では4ビットで0～Fを表現できる。ASCIIコードでは00～FFまでの4ビット+4ビット=8ビットで数字やアルファベットを表記し、この単位が1バイトとなった。

*3 バイト（byte）：バイトは本来は1文字を意味する単位として使われていたが、8bitパソコンの普及から1バイト=8ビットと決められた。

# 1-4 方言は暗号だった!?

「どさ？」
「ゆさ」

こんな会話が交わされているが意味がわかるだろうか。

「何処へ行くのですか？」
「銭湯へ行きます」

という津軽弁（津軽方言）による日常会話の例であり暗号ではない。津軽近隣の人々には理解できるだろうが、その他大勢の人々には理解できないだろう。

　方言は間諜（現代でいうスパイ）に対する対策だったという説もあるようだ。津軽弁と同様に難解な方言の薩摩弁は、関ヶ原の戦い以降に藩が幕府の隠密対策として開発されたとも伝えられているくらいだ。しかし、ことばを故意に変えて定着させるのはなかなか容易ではないだろう。若者たちの間で流行っていることばも、その多くはいつのまにかすたれてしまい、そのごく一部が残ってゆくに過ぎない。人為的に方言を作ったとはなかなか考えにくいのだ。
　この会話の例は寒い地方ならではの短い会話の極端な例である。寒さの中では大きく口を開けて話すのはつらい時がある。自然に早口になり、またことばも簡潔になっていったと想像される。生活環境がことばに影響を与えている例であろう。

しかし、これは極端な例であって現実にはこのような会話はありえないであろう。なぜなら銭湯へ行くならタオルや風呂桶、石鹸などを持っているだろうから、ひと目で行き先がわかることが想像されるからだ。

　ではどんな会話になるかというと、

「ゆさ？」
「ん」(「んだ」)

　ご理解いただけるだろうか。

　「方言は暗合ではない」と書いたが、実は近代史において難解な鹿児島弁（薩隅方言[*1]）が暗号として使われたことがある。

　第二次世界大戦中、鹿児島出身の野村直邦海軍中将が、技術交流の一環としてドイツから無償譲渡されたUボートU511に便乗して帰国する際、連合軍の哨戒圏を突破し、マレーシアのペナンに到着するためにベルリンの駐独日本大使館と日本の外務省との間でスケジュール確認が必要であった。

　戦局の混乱から乱数表による暗号電報の信頼性も失われる状況となっていたことから盗聴覚悟で国際電話が使用され、この際に外務省に居合わせた鹿児島出身の外交官と早口な鹿児島弁でやり取りを10数回おこなったという[*1]。

　アメリカ陸軍情報部は2ヶ月程解読ができなかったという。

　たしかに理解しえない「未知のことば」は普通語（国語）であっても暗号と変わらない効果があることがわかるが、暗号とは基本的に区別されるものである。

　同様の「未知のことば」には専門用語や専門記号が含まれる特殊語がある。専門用語には各業界ごとの用語が存在するが、門外漢にとってはまさに暗号そのものである。プログラミング言語なども同様の分類に区分できるだろう。

また、専門記号としては天気図や建築図面、電気関連の回路図など様々なものがある。

▼未知のことば

| 普通語 | 各国語、方言 | |
|---|---|---|
| 特殊語 | 専門用語、専門記号 | プログラミング言語、回路図など |
| | ASCIIコード | |
| 通信語 | モールス符号、略字、略符号、点字、手旗信号、指話、手話など | |

---

*1 薩隅方言：薩摩地方、大隅地方で使われる方言をこのように呼ぶ

*2 吉村 昭『深海の使者』文春文庫、野村 直邦『潜艦U-511号の運命 - 秘録・日独伊協同作戦』

# 1-5 スーパー・コンピュータと カエサルの関係

黎明期の暗号とその分類

　宇宙船ディスカバリー号に搭載された運行管理用スーパー・コンピュータ HAL9000（ハル9000）。このコンピュータが次々と乗員を死に追いやってゆく。未知の存在モノリスと共にコンピュータの反乱という2つの謎を軸に展開するアーサー・C・クラークの名作「2001年宇宙の旅」（2001:A SPACE ODYSSEY）のプロットである。

　チャンドラ博士の作ったスーパー・コンピュータ"HAL"はクラーク自身によれば Heuristically programmed ALgorithmic computer（ヒューリスティックにプログラムされたアルゴリズムのコンピュータ）の頭文字を取ったものであると語っているのだが、HALの名前の由来が実は簡単な文字の置き換えによって生まれたと映画ファンの多くは思っているのではないだろうか。

　「HAL」のアルファベットの順番をひとつずつ後ろにシフトすると「IBM」という文字が現れる。この文字をずらすという「アルゴリズム」で作成されたものが暗号で、何文字ずらすかという量が解読の「鍵」となる。

ABCDEFGHIJKLMN　暗号化の鍵は1文字シフトすること
ABCDEFGHIJKLM

　実はこの手法が古代ローマのガイウス・ユリウス・カエサル（英語読みではジュリアス・シーザー）が使用したと伝えられていることから、通称、カエサル暗号（シーザー暗号）と呼ばれているが、文字を置き換えることから換字式（substitution）と呼ばれ、多くの暗号法の基礎となっている。

　すべての文字を決められた分だけシフトするという暗号化の方法から単純代用法、単文字換字式などとも呼ばれる。

　しかし、このカエサル暗号はその変換方法が単純なだけに、暗号文のアルゴリズムにカエサル暗号を使用しているということがわかってしまうと、アルファベットは26文字しかないので最大25回の試行で簡単に解読することが可能となってしまう。

　このことから教訓として、『暗号として使用するためには暗号化のアルゴリズムがわかっていても解読の困難なものでなければならない』ということがわかる。

　このカエサル暗号のように平文を無意味な文字列や記号などに置き換える方式やランダムな数列などに置き換える方式全般をサイファー（cipher）と呼ぶ。

▼カエサル暗号と単文字換字暗号

●カエサル暗号

| 平文 | JULIUSCAESAR |
|---|---|
| 暗号文 | MYOLYVFDHVDU |

AをDに、BをEにというようにすべての文字を同じ分ずつずらす。カエサル暗号とわかれば最大25回の試行で解読される。

●単文字換字暗号

| 平文 | JULIUSCAESAR |
|---|---|
| 暗号文 | TMIAMFKXRFXD |

【換字表】

| 原字 | ABCDEFGHIJKLMNOPQRSTUVWXYZ |
|---|---|
| 暗字 | XZKUREOPATGISJLCBDFHMNQVWY |

どの文字をどの文字に変換するかといった換字表を元に文字を変換してゆく。通信者同士は事前に換字表を交換しておく必要がある。複雑そうだが平文が長くなると、文字の出現頻度を手掛かりに解読できる。

## COLUMN

「HAL＝IBM」説を「2001年宇宙の旅」の映画監督スターリン・キューブリックとアーサー・C・クラークが否定している背景には、このことがIBMにとって風評被害となるのではないかという危惧を持っていたからではないかと思われてならない。

HALの命名"Heuristically programmed ALgorithmic computer"があまりスマートではないことや「2010年」に登場するHAL9000の兄妹機のSAL9000の名前の由来は不明のままというのに不自然さが感じられる。また、「2001年宇宙の旅」の映画の中でボーマン船長の宇宙服の左腕に取り付けられたキーボードにIBMのロゴが入っていたり、HALが停止する直前に「デイジー・ベル」を歌うシーンがあるが、実は世界初の音声合成システムにIBM 704が使われ「デイジー・ベル」を歌うデモがおこなわれているといった背景を考えると単なる偶然とは考えにくいのだ。

クラークの危惧をよそに、当のIBMは映画に取り上げられたことを誇りに思っているといった風潮で、風評被害も無く、後にクラーク自身は「HAL＝IBM」説を否定することを諦めたと書いている。

さて、HAL9000の反乱の謎は「2010年」（2010:THE YEAR MAKE CONTACT）で解決されるのだが、一方の超越的存在モノリスの謎は深まるばかりである。続編は小説で。

# 1-6 少女たちは暗号を使いこなす!?

　カエサル暗号と同様の古典的な暗号にキリシャのポリュビオスの使用した換字表がある。座標方式によるコード表を用いた単文字換字法と呼ばれる。縦横それぞれの番号により文字の割り振られた座標を指定するという方法だ。

**▼ポリュビオスの換字表**

|   | 1 | 2 | 3 | 4 | 5 |
|---|---|---|---|---|---|
| 1 | a | f | l | q | v |
| 2 | b | g | m | r | w |
| 3 | c | h | n | s | x |
| 4 | d | i・j | o | t | y |
| 5 | e | k | p | u | z |

japan
42 11 53 11 33

　また、戦国時代には上杉暗号と呼ばれた暗号が使用されている。越後の上杉謙信の参謀、宇佐美定行が用いたと伝えられている座標方式による単文字換字法暗号だ。この例では、いろは48文字を7×7の枠に書き込み縦、横方向に数字を書き込む。原理はほぼポリュビオスの換字表と同じであるが、縦横それぞれの数字の順番を入れ替えることによってより強力な暗号となり、7の階乗の二乗(7!×7!)で2,500万通りの組み合わせができることになる。

▼上杉暗号

|七|六|五|四|三|二|一| |
|---|---|---|---|---|---|---|---|
|ゑ|あ|や|ら|よ|ち|い|一|
|ひ|さ|ま|む|た|り|ろ|二|
|も|き|け|う|れ|ぬ|は|三|
|せ|ゆ|ふ|ゐ|そ|る|に|四|
|す|め|こ|の|つ|を|ほ|五|
|ん|み|江|お|ね|わ|へ|六|
| |し|て|く|な|か|と|七|

て→五七
き→六三

平文　　　　敵
暗号文　　　五七六三

行、列の順序をいろいろ入れ替える　　　入れ替え方は約2500万通り　7！×7！

|四|五|二|三|七|一|六| |
|---|---|---|---|---|---|---|---|
|ゑ|あ|や|ら|よ|ち|い|三|
|ひ|さ|ま|む|た|り|ろ|五|
|も|き|け|う|れ|ぬ|は|一|
|せ|ゆ|ふ|ゐ|そ|る|に|七|
|す|め|こ|の|つ|を|ほ|六|
|ん|み|江|お|ね|わ|へ|四|
| |し|て|く|な|か|と|二|

て→二二
き→五一

平文　　　　敵
暗号文　　　二二五一

　宇佐美定行の『武経要略』に「如何に知覚ある人と言えども解する能わず」と書かれたこともうなずけるが、コンピュータの発達した現在ではそうとも言い切れなくなってしまった。

　これら単文字換字法による暗号は平文が長くなる程、同じ文字や単語の出現頻度が増えるという特徴がある。英単語の場合"the"、"of"、"and"、"to"、"a"、"in"、"that"、"is"、"it"、"I"といった順に使用頻度が多い。各国語それぞれに文字の使われる割合に特性があるため、使用している国語（言語）の文字の出現頻度を調べてゆくことにより、解読することが可能となるのだ。これで暗号の謎は解けてしまう。

　近代においても、換字表が盛んに使われた時期がある。ポケットベル（略称ポケベル）をご存じだろうか。

　日本で自動車無線電話が登場する1年前の1968年から始まったサービスで、最初は呼び出し音を鳴らすだけの機能だった。

　やがてプッシュホンからメッセージを送りたいポケベルの番号とメッセージとなる数字を打ち込むと、そのポケベルに呼び出し音と番号のメッセージを表示することができるようになった。当初は番号しか送ることができなかったので、会社から社員に会社の電話番号を送り、折り返し電話をしてもらう、といった使い方がされていた。

ところが1990年代に入ると突然女子高校生を中心に普及し始めて社会現象となったのだ。

少女たちは「084（おはよー）」「310216（茶店にいる）」「14106（愛してる）」「3341（さみしい）」など語呂合わせでメッセージを送り合うツールとして使い始めた。

90年代中頃になると、フリーワード変換表による単文字換字法でカナメッセージの受信もできるようになった。「あ」なら「11」、「い」なら「12」、「か」なら「21」といった具合に変換される。

「ポケベル打ち」「２タッチ入力」と呼ばれる入力を、少女立ちが表もボタンも見ずに早打ちするという光景が見られた。

因みに、既に過去の遺産と思われるだろうこのポケベル、実は現在も東京テレメッセージにより運用されており、携帯電話より電波が通りやすい、受信専用なので設備に影響を与えないといったことから医療関係者などを中心に利用されている。

ポケベルの新規登録は終了しているが、ポケベルのシステムは日光市や京都市の防災ラジオにも活用されていて健在だ。

▼ポケベル　50音フリーワード表

| 行＼列 | 1 | 2 | 3 | 4 | 5 | 6 | 7 | 8 | 9 | 0 |
|---|---|---|---|---|---|---|---|---|---|---|
| 1 | ア 11 | イ 12 | ウ 13 | エ 14 | オ 15 | A 16 | B 17 | C 18 | D 19 | E 10 |
| 2 | カ 21 | キ 22 | ク 23 | ケ 24 | コ 25 | F 26 | G 27 | H 28 | I 29 | J 20 |
| 3 | サ 31 | シ 32 | ス 33 | セ 34 | ソ 35 | K 36 | L 37 | M 38 | N 39 | O 30 |
| 4 | タ 41 | チ 42 | ツ 43 | テ 44 | ト 45 | P 46 | Q 47 | R 48 | S 49 | T 40 |
| 5 | ナ 51 | ニ 52 | ヌ 53 | ネ 54 | ノ 55 | U 56 | V 57 | W 58 | X 59 | Y 50 |
| 6 | ハ 61 | ヒ 62 | フ 63 | ヘ 64 | ホ 65 | Z 66 | ? 67 | ! 68 | - 69 | / 60 |
| 7 | マ 71 | ミ 72 | ム 73 | メ 74 | モ 75 | ¥ 76 | & 77 | 🕐 78 | ☎ 79 | 🔋 70 |
| 8 | ヤ 81 | ( 82 | ユ 83 | ) 84 | ヨ 85 | * 86 | # 87 | スペース 88 |  |  |
| 9 | ラ 91 | リ 92 | ル 93 | レ 94 | ロ 95 | 1 96 | 2 97 | 3 98 | 4 99 | 5 90 |
| 0 | ワ 01 | ヲ 02 | ン 03 | ゛濁点 04 | ゜半濁点 05 | 6 06 | 7 07 | 8 08 | 9 09 | 0 00 |

# 1-7 世界最古の暗号装置 スキュタレー

　古くからのことば遊びにつづり換え遊びがある。live（住む）からevil（邪悪な）やvile（不道徳な）。OLD ENGLAND（なつかしの英国）からGOLDEN LAND（黄金の国）といったことばに作り替えるお遊びだ。本名からこの並び替えによりペンネームや芸名を作るといった例も多い。

　英語ではアナグラム（anagram）と言い、元々はギリシャ語で文字の順序を取り替えることを意味することばだ。暗号では転置式（置換法）と呼ばれるが、実際の暗号ではこのアナグラムのように意味を持ったことばになることはめったにないだろう。

　カエサル暗号からギリシア時代にさかのぼるが、スパルタではスキュタレー暗号というのが用いられていた。暗号文は細長い紙にマス目が書かれた用紙を、特定の太さの棒に巻き付けて文字を横方向に書き込む。これを棒から巻き戻すと元の文章を読むことができない。縦に並んだ文字は自動的？にスクランブルされているというわけだ。

　暗号の受け取り人は、文字を書き込んだときと同じ太さの棒に巻き付けることによって読むことが可能となる。これは結果的には数文字おきに文字を書くことになり、転置式（置換法）に分類される。スキュタレーとはこの暗号作成解読に使用された棒のことである。言ってみれば世界最古の暗号装置と言えるかもしれない。暗号装置はやがて機械式から電子式へと変遷することになる。

▼スキュタレー

Wikipedia, scytale, CC BY-SA 3.0

▼スキュタレー暗号

（ⅰ）細長い紙を用意し、文字を書くマス目をつける。
これを2枚作成し、味方同士が1枚ずつ持ち合う。

（ⅱ）直径が同じ棒を2本用意し、送信者と受信者が1本ずつ
持ち合う。

（ⅲ）紙を棒に巻きつけて、文字を横方向に書く。

　　明日ミケーネでアテネ軍を迎え撃つ

（ⅳ）紙を巻き戻して、遠方の味方に送る。

（棒の裏側は無視して書いたものである）

（ⅴ）これを受け取った味方は、手元にある棒に巻きつけて、
横方向に読んで平文に戻す。

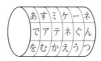

奈良時代には貴族であり学者でもあった吉備真備(693〜775)が唐に19年間留学し、儒学、天文、兵事を修め名声をあげた。平安末期には絵巻(吉備大臣入唐絵巻)になる程の有名人だ。

唐の留学から日本への帰国が近づくと、唐政府は真備の才能を惜しみ帰国を諦めさせようと四つの難問を課した。

そのひとつが蜘蛛の経路と呼ばれる転置式の暗号であった。アルゴリズムはスキュタレー暗号より複雑ではあったが、漢字という表意文字であったがための弱点があったと思われる。隣り合わせの文字から熟語を拾ってゆくことにより、解読することが可能になるのだ。表意文字は暗号には不向きと言える。

▼吉備真備の蜘蛛の経路

**暗号文**

| 水 | 丹 | 腸 | 牛 | 龍 | 白 | 昌 | 孫 | 壇 | 谷 | 終 | 始 |
|---|---|---|---|---|---|---|---|---|---|---|---|
| 流 | 盡 | 鼠 | 濱 | 游 | 失 | 微 | 子 | 田 | 孫 | 臣 | 定 |
| 天 | 後 | 黒 | 食 | 窘 | 水 | 中 | 動 | 魚 | 走 | 君 | 壞 |
| 命 | 在 | 代 | 人 | 急 | 寄 | 干 | 戈 | 膾 | 生 | 周 | 天 |
| 公 | 三 | 雞 | 黄 | 城 | 胡 | 後 | 葛 | 翔 | 羽 | 枝 | 本 |
| 百 | 王 | 流 | 赤 | 土 | 空 | 東 | 百 | 世 | 祭 | 祖 | 宗 |
| 雄 | 英 | 畢 | 興 | 茫 | 為 | 海 | 國 | 代 | 成 | 興 | 初 |
| 星 | 称 | 竭 | 丘 | 茫 | 遂 | 姫 | 氏 | 天 | 終 | 治 | 功 |
| 流 | 犬 | 猿 | 青 | 中 | 國 | 司 | 右 | 工 | 事 | 法 | 元 |
| 飛 | 野 | 外 | 鐘 | 鼓 | 喧 | 為 | 輔 | 翼 | 衡 | 主 | 建 |

**経路図**

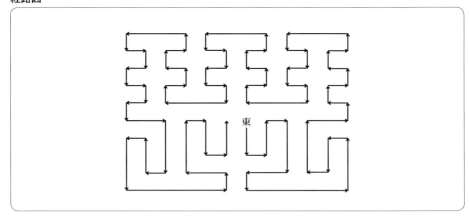

転置式（置換法）(Transposition)では特定のアルゴリズムに従った文字の入れ替えをおこなうわけだが、蜘蛛の経路のように枠内に決められた順序で書き込む方法などのほか、図形（枠）を利用して通信文を書き込み別の方向から読む図形転置。さらに上杉暗号のように縦横の読み出し順序を入れ替えて、より複雑な暗号にする鍵式図形転置などがある。

### ▼図形転置鍵式図形転置

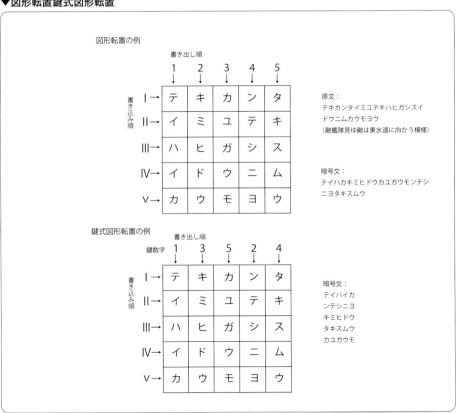

　この他、縦横の等しい枠の中に文字を書き込む方法でクロスワードパズルの（文字の入らない部分を切り抜いた）枠のような型紙グリル(grille)を用意し、切り抜いた穴から文字を書き入れ、すべての穴を埋めてしまったら型紙を90度回転させてまた穴の部分を埋めてゆくという方法もある。グリルをうまく作れば4回の繰り返しですべての桝目を埋めることが可能だが、埋まらない場合には適当な文字を入れて埋めてしまえば良い。グリル式は別名ラティス式(Lattice)と呼ばれている。

▼グリルの一例

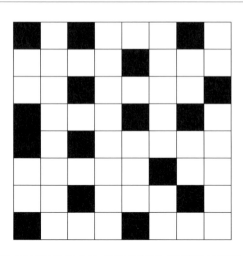

# 1-8 小野小町 和歌に隠された暗号

　六歌仙、三十六歌仙の一人に数えられ、絶世の美女と伝えられる平安前期の女流歌人、小野小町。古今集でおなじみの小野小町も暗号を使っていたという説がある。その暗号はといえば実に暗号らしくない暗号だ。

　「ことの葉も　ときはなるをと　たのまなむ　まつは見よかし　へてはちるやと」

一見なんともない和歌に隠されている暗号文は実にシンプルだ。各句の先頭の文字を拾ってゆくことで隠されたことばが組み立てられる。「ことたまへ」つまり「琴賜へ」というメッセージが含まれている。
小野小町が琴を借りるために使いの者に持たせた和歌だということだが、相手が和歌の中に隠されたことばに気が付いたかどうかは疑問である。
　また、この和歌がこのように意図されて作られたものかどうかもわからないが、意図して歌われたとすればこれは隠字詩（acrostic）、折句（おりく）と呼ばれる手法となる。

このようにメッセージを織り込むのは先頭ばかりとは限らない。

「いろはにほへとちりぬるをわかよたれそつねならむうゐのおくやまけふこえてあさきゆめみしゑひもせす」

ご存知いろは歌だが、内容は諸行無常を歌っており、更にこの歌を7字ずつに区切りそれぞれの末尾をつなぐと「とかなくてしす」（罪なくして死す～罪を犯さずに一生を終わる。）となる。更に7字ずつに区切った5文字目をつなぐと「ほをつのこめ」（本を津の小女～本を津の妻へ届けてくれ）と解釈されるというのだが、これについても故意に作られたものか偶然の産物なのか、いろいろ意見がわかれるところである。

隠字詩、隠字詩のように特定位置に文字を織り込む手法の他に、文字を挿入する部分を切り抜いた紙型を作り、その窓から通信文を書き、他の空白の部分を何気ない文章で埋めてしまうという手法もある。この場合不自然でない文章を作るのはかなり難しいのではないだろうか。

このように平文の間に別の音や文字をはさむ手法を分置式（挿入法）と呼ぶ。

▼分置式（挿入法）の例

型紙の格子窓から読める内容　　　子供が出張中の父親に宛てた手紙らしく見える偽文

## 1-9 実在したモノリス

「2001年宇宙の旅」(2001:A SPACE ODYSSEY)に登場した「モノリス」(monolith)が実は実在していた、と言えば驚かれると思うが、1992年に日本IBMで開発され発売されたPalmTop PC110のプリント基板にその名が刻まれている。コンピュータの開発コードに使用されていたのだ。またリコーと日本IBMの合弁企業ライオス・システム[*1]で開発され、マニアに人気のあった同社のA5サイズサブノートPCに「Chandra」という製品があった。HALの生みの親チャンドラ博士の名前から取ったことはいうまでもない（ChandraはIBMの小型ノートPC ThinkPad 220の実質的な後継機と言える製品であった）。

　開発コードは正式な製品名が決まる前の仮の名前であると同時に、社外に対してはどのような製品かわからないという暗号として機能する。多くの場合、製品名が付くとどの系列の製品か、などと想像が付いてしまうケースが多いだろう。このような情報が社外に伝わってしまうのは大変まずい場合が多いと思われるが、開発コードであればどのようなものを開発しているのか想像することは難しい。中には例外的に開発コードが大手を振っている場合もある。IntelのCPUやMicrosoft社のOSといった市場での占有率の高いこれらメーカーの製品では、次期製品の開発コードが早々と雑誌誌上を賑わしている。
　またスマートフォンやタブレットのOSのAndroidはアルファベット順の頭文字のお菓子の名前を開発コードにしており、次に付くお菓子の名前が何になるか毎回話題になっている。

　これらは特定の仲間の間だけで通じるように、事前に単語を別の意味に変えていることから約束語と分類される。隠語やコードネーム暗号名とも呼ばれる類のものだ。ジェームス・ボンドの007はコードネームとして有名だが、スパイのコードネームが有名になってしまっては不都合もあるだろう。
　ポリュビオスの単文字換字法の説明にポケットベルの50音フリーワードが登場したが、数字の語呂合わせによるメッセージも良く使用されていた。また、仲間うち独自の「ポケベルコード」もあっただろう。約束語の好例と言える。

▼ Android のコード名

| Cupcake | 1.5 |
| Donut | 1.6 |
| Éclair | 2.0～2.1 |
| Froyo | 2.2～2.2.3 |
| Gingerbread | 2.3～2.3.7 |
| Honeycomb | 3.0～3.2.6 |
| Ice Cream Sandwich | 4.0～4.0.4 |
| Jelly Bean | 4.1～4.3.1 |
| KitKat | 4.4～4.4.4 |
| Lollipop | 5.0～5.1.1 |
| Marshmallow | 6.0～6.0.1 |
| Nougat | 7.0～7.1.1 |
| Oreo | 8.0～8.1 |

　ハワイ真珠湾攻撃で有名な「新高山[*2]登レ一二〇八」（真珠湾を攻撃せよ）や「トラ・トラ・トラ」（攻撃成功せり）は、隠語として歴史的にも有名である。

　隠語は現在でも様々なところで使用されている。意外に気づかないのがデパートでの館内放送だ。何気ないお客の呼び出しの中に外の天気の変化を伝えたり、緊急の連絡をおこなっていたりするのだ。

　また警察無線にも様々な隠語が使用されている。これには簡潔に、また確実に伝えるための工夫であると同時に、部外者には通信内容をわかりにくくするといった働きがある。ちなみに警察無線のコードは各県警、警視庁毎に異なったコードが使用されている。

　このように事前に決められた単語や慣用句を、他のことばや無意味な一定の長さの文字列、数列に置き換えたものをコード（code略号）と呼び、その変換表を暗号辞書（暗号表またはコードブック）と呼ぶ。7桁の数字で住所を表わす郵便番号は数字と住所の関係を一般に公開しているので暗号ではないが、もし数字と住所の関係が発表されていないものであればコードと分類される暗号となる。

　「コード」は現在では暗号用語ばかりではなく、すでに未知語の通信語のところで書かれているように、情報を表現するための記号の体系として一般的に使用されることばとなっている。

黎明期の暗号とその分類

---

*1 ライオス・システム：既に会社は1993年3月に精算されている。

*2 新高山（ニイタカヤマ）：新高山は台湾島中央部にそびえたつ玉山の日本名

# ▼警視庁通話コード

| PM | 警察官 |
|---|---|
| PS | 警察署 |
| PB | 交番 |
| PC | パトカー |
| マル機 | 機動隊 |
| 123 | 紹会センター |
| L号 | 免許照会 |
| L1 | 免許取得照会 |
| L2 | 行政処分歴 |
| A号 | 犯歴照会 |
| B号 | 指名手配照会 |
| C号 | 盗品照会 |
| M号 | 家出人手配照会 |
| Z号 | 暴力団関係者照会 |
| 10番A | 音声反転式秘話 |
| 56番 | 音声分割式秘話 |
| 100番 | デジタル式秘話 |
| パンカケ | 職務質問 |
| マル被 | 被疑者 |
| マル害 | 被害者 |
| マル対 | 対象者 |
| マルB(B) | 暴力団 |
| マル走 | 暴走族 |
| マル機 | 機動隊 |
| マル遊 | 遊撃退 |
| マル窃 | 窃盗 |
| タタキ | 強盗 |
| 住侵 | 住宅侵入 |
| シャブ | 覚醒剤 |
| アンパン | シンナー |
| マルX | 爆弾 |
| マルY | 爆発物 |
| マル警 | 警備対象施設 |
| マル姦 | 強姦 |
| 姦未遂 | 強姦未遂 |
| 強ワイ | 強制わいせつ |
| 豆ドロボー | 強制わいせつ目的住居入 |

通話コードは各県警により異なる

# 1-10 日本書記の暗号

　分置式や約束語のように「暗号らしくない暗号」に隠文式がある。ことばの多様さによるあいまいな表現や遠回しな表現、なぞなぞの中に本来の伝えたい内容を包み込んでしまう手法で、たとえばなしなども含まれることから寓意法とも呼ばれる。

　フランスの占星術者で医者でもある、ノストラダムス（Nostradamus 1503～1566）の1555年に発行された占星術による韻文形式の予言書（Centuries：通称『ノストラダムスの大予言』）などはまさに隠文式と言えそうだが、果たしてノストラダムス自身は予言の具体的内容を把握したうえでこのような表現をおこなったのであろうか。

　また、日本最古の歴史書『日本書記』の中にも隠文式による歌が登場している。（諷歌 – そえうた、童歌 – わざうた）

　ただし、このような暗号ではノストラダムスの予言に対して様々な解釈がおこなわれているように、意図した内容が確実に伝えられるかどうかは難しい。

　これまでに述べた換字式、転置式、分置式、約束語、隠文式などのいくつかを組み合わせた混合式も当然のように登場している。換字式＋転置式 転置式＋換字式の組み合わせはこれらの組み合わせの中でも代表的なものである。

# 1-11 逐次暗合とブロック暗合

　暗号法を紹介してきたが、ここで他の分類法も紹介しよう。「コード」と「サイファー」という分類のように暗号を二分する分類で「逐次暗号」(ストリーム暗号 stream cipher)と「ブロック暗号」(block cipher)と呼ばれる分類だ。

　逐次暗号はその名の通り、先頭から順番に暗号に変換してゆく方法であり、代表的な換字式がこれに分類される。

　ブロック暗号は、まとまった文字列(特定の長さのブロック)毎にまとめて暗号化する方法である。逐次暗号でも鍵が周期的に繰り返す暗号では、ブロック暗号と呼ぶことができる。

　このようなことで分類があいまいになってしまうことをさけるため、各文字列の変換がその前にある文字列に依存して定まり、独立したブロックに分けられないものを「畳込み暗号」(convolutional ciphr)と分類したほうがすっきりする(「畳込み」は符号理論で用いられる用語)。

　ブロック暗号での高度な暗号化は、記憶装置を持たない純機械式の自動暗号装置では作成が困難であった。また、通信において途中で文字の間違いや欠損があった場合には、暗号を元通りに復号することができなくなってしまい、旧来の通信方法には不向きであった。

　しかし、現在のデジタル化された通信においては、誤り検出や訂正は日常的におこなわれている。また、通信の品位が向上していることもあり、現在アルゴリズムが公開されている多くの暗号は高度な暗号化の可能なブロック暗号である。

　暗号ではないが、デジタル画像データの圧縮方法であるJPEG(ジェイペグ)や動画のMPEG(エムペグ)などでは、1枚の画像を小さなブロック(8×8画素)に分けて、このブロック毎に圧縮のためのDCT(Discrete Cosine Transform～離散コサイン変換)処理をおこなう。この圧縮データの伸長方法が公開されていなければ、まさに画像暗号化のブロック暗号と言え、DCT処理を利用して「電子透かし」の埋め込みもおこなわれる。

Digital Cypher Revolution

# 第2部
# 近代暗号と暗号機械の誕生 ―近代暗号史

試行錯誤から生まれた様々な暗号機械の登場と、戦後までを振り返ってみる。

- 2-1　拡張カサエル暗号
- 2-2　物理学者が作った暗号機械
- 2-3　電動式暗号機の登場
- 2-4　暗号の天才、フリードマンの登場
- 2-5　テレタイプ式自動暗号機の誕生
- 2-6　シリンダー暗号機 M-94
- 2-7　エニグマ暗号機械の誕生
- 2-8　007も伊達じゃない。イギリス情報部
- 2-9　どっちが先、英米コンピュータ競争
- 2-10　14万台生産された合衆国陸軍 M-209機
- 2-11　米国が生んだ暗号機「シガバ」
- 2-12　九七式暗号機とパープルの誕生
- 2-13　マジック vs パープル
- 2-14　秘密主義の犠牲
- 2-15　太平洋戦争と暗号
- 2-16　推理小説と暗号
- 2-17　ベルヌ、多表式暗号を解読する
- 2-18　多表式暗号を解く正攻法

# 2-1 拡張カサエル暗号

　換字法によるカエサル暗号（シーザー暗号）では、アルゴリズムを知ることにより簡単に解読されてしまうことはすでに紹介した。そこで更に複雑にする手法が15〜18世紀頃からヨーロッパで考え出され、この後、この換字法をベースにした暗号が主流を占めるようになった。その理由には作成した暗号が無線通信などで送るのに向いているということがあげられる。

　換字法を強化する手法としては最初にずらす文字のシフト量をキーとして一文字毎にシフト量を加算していくといった簡単な方法も考えられるが、これでもけっこう強力になる。

**▼シーザー暗号の換字表（単純スライド型）**

| 組立↓ | 原字 | a | b | c | d | e | f | g | h | i | j | k | l | m | n | o | p | q | r | s | t | u | v | w | x | y | z | ↑翻訳 |
|---|---|---|---|---|---|---|---|---|---|---|---|---|---|---|---|---|---|---|---|---|---|---|---|---|---|---|---|---|
| | 暗字 | D | E | F | G | H | I | J | K | L | M | N | O | P | Q | R | S | T | U | V | W | X | Y | Z | A | B | C | |

←3文字スライドする

（例）　原　文 - The die is cast
　　　　暗号文 - WKH GLH LV FDVW

　また、偶数、奇数文字それぞれで、シフトする量を変えてしまうといった手法もある。この場合には2つの鍵が必要になる（またはそのような変換表を偶数、奇数文字用の2種類を用意することになる）。また、さらに長くした文字列分の鍵を用意する方法も考えられる。この鍵の長さに区切られた文字列をブロックと呼ぶが、このブロックの周期が長くなればなるほどコンピュータによる総当たり法でも解読は困難になってくる。このとき鍵としてシフト量を数字で表記したものを鍵数字（鍵数列）。鍵として文字が当てはめられる場合には鍵文字（鍵字列）と言う。

　ヨーロッパでは暗号化や復号に変換用の表を何種類も用意したことからこの方式を多表式暗号（polyalphabetic cipher）と呼び、日本では変換表を選ぶために乱数を使ったことから乱数式とも呼ばれていた。

▼多表式暗号

| 平文 | JUL | IUS | CAE | SAR |
| 暗号文 | MAQ | LAX | FGJ | VGE |
| ずらす文字数 | 365 | 365 | 365 | 365 |

シーザー暗号を拡張した多表式暗号の例。平文を3文字ずつ区切り、それぞれ3、6、5文字ずつ換字し、これを繰り返す。この区切られる長さ（ブロック）を長くずらす。文字数をランダムにすれば解読はさらに困難になる。

暗号作成時や復号時の変換表による作業を容易にするために、この鍵を自動的に作成する機械が作られるようになり、やがて、タイプ入力するだけで暗号文を出力する装置なども作られるようになった。

これら自動変換をおこなう暗号機械では鍵の長さが長くなり、複数の暗号文を作成してもこの鍵が重複しないように工夫されるようになった。

## 2-2 物理学者が作った暗号機械

　電気抵抗を測る装置、ホイートストン・ブリッジを発明したことで有名な英国の物理学者、ホイートストン（Charles Wheatstone 1802～1875）は磁針電信機や電気時計を考案しているが、彼は円盤式暗号機も考案している。これは大小2枚の円盤を重ね、時計のように取り付けられた長針を大きい円盤（外側）の文字に合わせると、短針が小さな円盤の別の文字を指すといった簡単な構造のものだ。英国がこの暗号機を、英米両軍の前線で使用することを決定したのは1918年の始めであった。そして、このホイートストン暗号機の大小円盤を27と26等分された改良型プレット機が製作され実戦配備された。

　このプレット機の唯一の懸念は、この機械がドイツ軍の手に渡った場合のことだけであり、作成された暗号の信頼性は非常に高いものと思われていた。しかし、ワシントンの暗号解読課は最終的な確認のために、リバーバンク研究所の暗号研究チームで安全性のテストをおこなうことを指示した。

　暗号研究チームのウィリアム・フリードマン（William Frederick Friedman 1891-

1969)は、プレット機で作成された46文字程で6通りの暗号解読に取り組んだ。解読手法は使用されていると思われる電文を想定しての作業ではあったが、短時間で解読をおこなうことができた。これによりプレット機の実戦使用は取りやめとなった。もしこれが実際に使用されることになっていたら、英米両軍の作戦行動に多くの犠牲者が出ていたことが考えられる。

▼ホイートストン暗号機

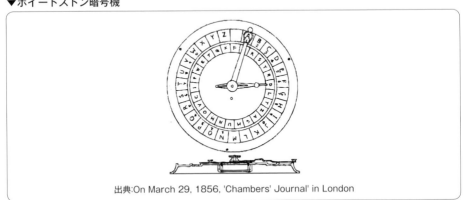

出典:On March 29, 1856, 'Chambers' Journal' in London

# 2-3 電動式暗号機の登場

　1915年、カリフォルニア出身のエドワード・H・ヒーバン（Edward Hugh Hebern 1869～1952）が電動式の本格的な暗号機を作成した。これは2台の電動タイプライターをケーブルで接続したもので、ケーブルの途中に暗号機の特許となった回転ローターが組み込まれている。両側に接点を持った回転ローターは、その両側を挟んだ2個の固定ローターの接点と電気的に接続する働きをする。ただし、この回転ローター内の両側の接点間の接続はスクランブルされている。つまり、この回転ローターを回転させることにより、2台のタイプライター間の接続はキーボードに対して1対1ではなく、結果的に換字法で暗号化されることになる。

　わかりやすく、接点がアルファベット26文字分あるとすると、26通りの暗号の組み合わせができる。最終的にはこのローターの数を5個まで増やしているので、26の5乗でキーワードは1100万以上の組み合わせができることになる。

実際に合衆国海軍省情報通信局(Office of Naval Intelligence：ONI)の関心を呼んだのは、発明から9年後のこと。しかし、この装置もフリードマンの手によって解読されてしまった。

　この装置で暗号化された、短くサンプル数の少ない評価用の暗号解読に苦戦したフリードマンは、図らずも「一致反復率」と後に名づけた暗号の癖による解読方法を発見した。これは任意の文字列を重ねて双方に同じ文字の出現する頻度を調べることにより文章の特徴を探るといったもので、統計学的な原理に基づいた解析方法であった。やがてこの論文が発表されるが、これ以降、暗号解読はより数学的なものとなってゆく。

　ヒーバン機は結果的には何台かの機種が採用されたが、ヒーバンの機械製造能力の問題から結果的には使用されなくなってしまった。

▼シングル・ローター・ヒーバン機

US National Cryptologic Museum Mark Pellegrini, CC BY-SA 2.5

▼ローターと電動タイプの配線

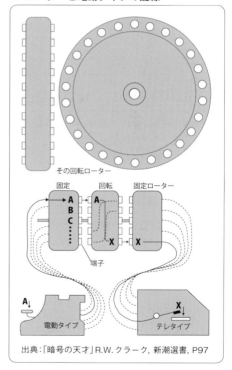

出典：「暗号の天才」R.W.クラーク, 新潮選書, P97

## 2-4 暗号の天才、フリードマンの登場

　リバーバンク研究所(Riverbank Laboratories)[*1]はシカゴの資産家オーナー、ジョージ・フェイビアン(George Fabyan 1867～1936)の道楽とも言えるもので、音響学研究や医学など様々な研究をおこなっていたが、ここに遺伝子研究部門設立時にコーネル大学の大学院で遺伝学を専攻していたウィリアム・フリードマン(William Frederick Friedman 1891～1969)が大学からの紹介でやって来た。ここでフリードマンはシェイクスピア戯曲の作者がフランシス・ベーコンであったことの立証研究(シェイクスピア別人説)で迎えられ、エリザベス・ウェルズ・ギャラップ(Elizabeth Wells Gallup 1848～1934)夫人と出会うことになる。遺伝子研究のかたわら、写真の腕を買われてギャラップ夫人の手伝いをすることになるのだが、やがて本人も暗号解読へと関わってゆくことになった。文学的考証から暗号に関わることになったのは幸いと言えるだろう。始めから軍事色の濃いものであったとしたら、この天才は誕生しなかったかもしれない。

　彼は後に、従来の感と憶測による試行錯誤の繰り返しでおこなわれていた暗号の解読から、暗号法則の基本となる数学的基礎理論により20世紀の暗号技術の礎を確立した。

　一方、シェイクスピア別人説に興味を持ちはじめたジョージ・フェイビアンは当時、入手可能な暗号コードや暗号に関する情報を収集し始めていた。また、ワシントンでの裏工作から政府の非公式ながら実質的な暗号担当機関となったが、1917年6月、政府も軍事情報部8(MI-8)を設立し、リバーバンク研究所はこの外郭団体として活動を続けることになる。

　国務省暗号解読課(1917～1919)はやがて秘密組織「ブラック・チェンバー(機密室)」(1919～1929)、合衆国通信隊情報部(SIS)、陸軍省安全保証局国防省国家安全保証局(NSA　1952～)への系譜へとつらなる。

---

[*1] リバーバンク研究所：所在地は米国イリノイ州ジュネーブ。現在も音響研究所Riverbank Acoustical Laboratoriesとして残っている。

# 2-5 テレタイプ式自動暗号機の誕生

　機械式のプレット機が登場した同じ頃、アメリカ電信電話会社AT&Tではテレタイプを改良した自動暗号化装置を作製している。

　AT&Tベルラボの技師ギルバート・バーナム（Gilbert Sandford Vernam 1890〜1960）により作製されたこの装置の操作方法は、まず平文は紙テープに5個の穴の有無に変換されたのち、もう1本のキーコードがパンチされたテープと同時に装置を通すことにより、自動的に暗号化されるといったものだ。このキーコードと平文をコード化したテープの穴の有無の排他論理により暗号文が生成される。また、逆の操作により、自動的に解読することが可能となる。

　後にもう一人の技師L.F.モアハウスにより、キーコードの生成に2本のキーコードがパンチされたテープが使用されるように改良された。2本のキーコード用テープにはそれぞれ999個と1000個のコードから99万9千個のキーコードを生成されるようになり、約16万語の文字を処理してもキーコードが繰りかえされることがなく、暗号の信頼性が高まった。

　1年後にフリードマンがこの暗号の解読をおこなった際には、6週間ほどの時間を費やしても解読できなかったが、テープから文字に転写する作業の際の1個所の抜けを発見。これを復元すると解読は順調におこなわれた。

　フリードマンはどのような暗号でも運用方法、つまり操作をする人の不注意や、操作に対する細心の注意が必要なことに対する認識がない場合、また機械の構造やシステムの特徴などによっては、暗号解読の攻撃にさらされた場合の弱点がないとは言い切れないと語っている。

▼テレタイプ式自動暗号機の原理

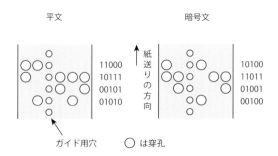

テレタイプ式ではデータを紙テープの横1列に5個のパンチ穴の有無で1個のデータを表現し縦方向にデータを並べる。図では穴の開いている部分を1、開いていない部分を0と表現している。ガイド用穴は紙テープを正常に送るために利用される。

|  | 暗号化 |
|---|---|
| 平文 | １１０００ |
| 鍵字 | １００１１ |
| 暗号文字 | １０１００ |

|  | 復号（解読） |
|---|---|
| 暗号文字 | １０１００ |
| 鍵字 | １００１１ |
| 平文（解読） | １１０００ |

暗号文の作成は鍵字との排他論理により求める。上の例では排他的論理和の結果を反転したExclusive-NORでの結果で暗号化、復号をおこなった例である。2つの値が(0,0)(1,1)で一致する場合に1,(0,1)で一致しない場合には0とする。

排他的論理和(Exclusive-OR)では2つの値が(0,0)(1,1)で一致する場合に0,(0,1)で一致しない場合には1とする。排他論理では暗号化、復号とも同じ鍵字で変換ができ、現代の暗号においても良く利用されている。

# 2-6 シリンダー暗号機 M-94

　現在、現存する最古の暗号機械は、米国の国家安全保証局NSAの暗号博物館(メリーランド州)に展示されているシリンダー暗号機だろう。この機械は1861～1865年の南北戦争当時に作られたものと言われている。40枚のディスクの外周面にはそれぞれ文字や数字、記号などがランダムに42個刻まれており、ディスクの順番を自由に入れ替えることができる。これにより変換表などを使用せず、ブロックの周期が40文字の換字式暗号を実現することになる。

　同一の原理によるシリンダー暗号機が1920年代に再び登場し、10年間に渡って活躍することになる。真鍮(黄銅)製のディスク26枚の外周面に、それぞれランダムに文字が刻まれている。この暗号機は合衆国陸軍のみならず、財務省情報部や禁酒法(1920～1933年)の下、密輸防止に追われていた沿岸警備隊などでも使用された。

　フリードマンは評価用暗号の解読ができなかったが「3時間から30時間程度の間、解読を妨げることができるだろう」と絶対的な安全性については疑っていた。この暗号解読に失敗した原因は、評価用の暗号サンプルがあまりにも非日常的な文章で構成されており、軍用通信で良く使用される暗号文であったなら解読できたであろう。

▼シリンダー暗号機 M-94

US National Cryptologic Museum
Greg Goebel - Flickr: Ytm94_1b, CC BY-SA 2.0

# 2-7 エニグマ暗号機械の誕生

　エニグマ（Enigma）は生成された暗号の堅牢性が大変高く、機械暗号機の最高傑作とされている。その誕生は1919年にオランダ人のユーゴ・コッホが「秘密文を解く鍵」という理論特許を取得したことに始まる。

　ドイツ人発明家アルトゥール・シェルビウス（Arthur Scherbius）は、コッホの理論特許を買い取り、暗号機械を製作した。

　この暗号機械はキーボードを押すことにより、暗号化された結果により文字の書かれた表示部のランプを点灯するといったものだ。キーボードと表示部間の信号を暗号化するための結線の切り替えは3枚のローターでおこなわれ、ここで設定される数字が暗号の鍵となる。暗号の鍵は日付や曜日などを元に決められ、使用されていたようだ。

　これが有名な「エニグマ（謎）」と名付けられた暗号機で、1920年代にベルリンの暗号機製造会社で製造された。しかし、第二次世界大戦前夜とまだ時は早く、商用暗号機として発売されたがこの商売で成功を収めることはできず、この権利を他社に売り払うことになってしまった。

　ドイツ軍はこの暗号機に注目し、ヒトラーが政権に就いた1933年にはエニグマの販売は中止され、その後の開発はドイツ陸軍が担当した。第二次世界大戦前の主流はローターが3枚使用されており、軍用に作られた携帯用のモデルDAS HEERではバッテリーを内蔵し、外部電源を不要とした。やがてローターは3枚から5枚へと増やされた。

　エニグマ暗号機の原理は、周期の異なるローターの組み合わせにより、長い周期の暗号キーを作成することにある。それぞれのローターの周期は異なった素数[*1]になっている。

　キーワードとなる初期値をセットして、元に戻るまでの周期はこの素数の最小公倍数となる。たとえばローターが5個あり、それぞれの周期を19, 23, 29, 31, 37とするとその最小公倍数は「19×23×29×31×37=14,535,931」、つまり暗号鍵が元に戻るまで1,450万回以上の周期が必要となる。

---

[*1] 素数：1より大きい整数で1とその数以外の約数（割ることのできる数）をもたないもの。素数は暗号に欠かせない要素となっている。

▼エニグマ（model"Enigma I"）

レオナルド・ダ・ビンチ国立科学技術博物館（伊ミラノ）
Alessandro Nassiri　CC BY-SA 4.0

## 2-8 007も伊達じゃない。イギリス情報部

　英国は1540年～1844年の3世紀の間に、秘密情報部、情報部、暗号解読課を設立している。1914年にはレジナルド・ホール（William Reginald Hall）卿が英国海軍情報局（DNI）の所長に任命され、海軍省内に英国海軍コード解読作業室40号（Room 40）を設立するなど、早くから諜報活動を通して暗号解読にあたっていた。

　1923年にはアラステア・デニストンの指揮により、国家コードと暗号学校（GC＆CS）の設立をおこない、ここでも多くの成果を上げているが、なんと言っても1938年ロンドンの北西80キロにあるブレッチリー・パーク（Bletchley Park）の古城に集められた研究チームによる、エニグマの解読成功は戦局に大きな影響を与えることになった。

　1932年12月頃、ポーランドの暗号学局で働いていたポーランド人の数学者であり暗号解読者でもあったマリアン・レイエウスキー（Marian Rejewski）はフランスのスパイ、ハンス＝ティロ・シュミット（Hans-Thilo Schmidt）が得た情報と、暗号解読者ジェリー・ロシキ（Jerzy Różycki）、ヘンリク・ジガルスキ（Henryk Zygalski）の助

けを借りて、ドイツ軍のメッセージ暗号化手続きの順列と弱点の理論を使い、プラグボードエニグマ機のメッセージキーを破ったことで、エニグマのレプリカ「ボンバ(bomba)」を作ることができた。

　第二次世界大戦発生直前の1939年7月、ポーランドの暗号局のスタッフはワルシャワで同盟国のフランスと英国に、エニグマ暗号を破る成果を明らかにした。開示の一部にはジガルスキー・シート法(穴あきシート法)が含まれていた。

　1940年5月、ドイツはエニグマ暗号機にローターを2枚追加して複雑さを加えた。

　ここで、ブレッチリー・パークで活躍するのが、アマチュア暗号家ロナルド・ノックス(Ronald Knox)の弟ディリー・ノックス(Dilly Knox)と天才数学者アラン・M・チューリング(Alan Mathison Turing)の二人で、1940年春には電気機械式解読機「ボンブ(bombe)」を作製し、エニグマの解読に成功している。エニグマの解読をおこなったこのグループは「ウルトラ」(Ultra)と呼ばれている。

　エニグマなどの拡張カエサル(シーザー)暗号である多表式の暗号では、暗号キーの生成をいかに複雑にしても、次のような欠点がある。

　同一の暗号キー、たとえば暗号キーの初期状態で作成された2通の暗号があった場合、双方の文字の差を調べてゆくことで解読が可能となる。また、同一内容の複数地域への通信などは解読の大きな手がかりになっている。これらにより暗号のキーワードを推測することができるのだ。

　また、効率的な方法ではないが、電文の癖から平文を推理して解読を試みるといったこともおこなわれていたと想像される。一部がわかればあとは芋づる式に解読できる可能性がある。ウルトラではこのような解析にパンチ・カード式統計機などを使用していた。

　このウルトラ・グループの一人、チューリングはデジタル計算機の仮想機械(バーチャル・マシン)を1936年に提唱し、現在の計算機科学の理論的基礎を築いている。

　エニグマのメカニズムを知ったこととコンピュータの登場は、暗号解読に大きなはずみを付けることになった。

　1944年6月6日、連合国軍のノルマンディー上陸作戦[1]においても、事前の陽動作戦によるドイツ軍の行動を暗号解読により確認し上陸作戦開始が決定された。

---

[1] ノルマンディー上陸作戦:第二次大戦末期の1944年6月6日(D‐Day)、アイゼンハワー元帥指揮の下、連合国軍のおこなった北仏ノルマンディー半島への上陸作戦。これにより戦局に一大転機をもたらし、ドイツ軍に占領されていたパリが8月に開放される。「史上最大の作戦」として映画化などされているが、その中では作戦の開始を、フランス国内のレジスタンス組織にラジオ放送のヴェルレーヌの「秋の歌」の朗読で知らせている。

# 2-9 どっちが先、英米コンピュータ競争

　1976年、コンピュータの歴史に関する国際会議で、コンピュータ史をひっくり返す内容が英国から発表された。この発表がおこなわれる以前までは計算回路に初めて真空管を用いた世界初のコンピュータは、1946年12月に製作された「エニアック (ENIAC)[*1]」というのが常識となっている。エニアックは弾道計算用に米海軍とペンシルベニア大学の共同で製作された、非ノイマン型[*2]の計算機である。

　しかし、エニアックが製作される2年前の1944年春には英国で、トミー・フラワーズ (Tommy Flowers) の手により、真空管式の「コロッサス (COLOSSUS)」が作られていたというのだ。この発表にはさすがの米国も威信をかけ、コロッサスが本当にコンピュータであるか議論が沸騰したが、コンピュータを電子回路を利用した計算装置と定義するならば、その仕様はあきらかにコンピュータと呼べる物であった。

　そして、何よりもコロッサスが30年以上もの間、秘密のベールに包まれたまま発表されなかったことは、戦後の冷戦時代にもこの機械が活躍していたことを自ら物語っている。

　コロッサスはナチスドイツの上層部間専用無線リンクに使われていた、オンラインストリーム暗合テレタイプシステムの暗号機ローレンツ (Lorenz SZ 40/42 - Tunny) 及び、Geheimschreiber (秘密のテレプリンタ) または Schlüssel Fernschreib Maschine (SFM - Sturgeon) としても知られる、Halske T52 の解読に使用され、多くの成果は上げられなかったものの、高レベルの戦略情報を得ることができたため戦況変化に大きく貢献した。

　1949年には英国ケンブリッジ大学のウィルクス (Sir Maurice Wilkes) 教授らによって作られたノイマン型の本格的なコンピュータ EDSAC (The Electronic Delay Storage Automatic Calculator：電子遅延記憶自動計算機) が登場した。

　また、現在のコンピュータの定義ではプログラム内蔵方式 (ノイマン型) を指すので、この定義から言えば英国の EDSAC が世界初のコンピュータということになってしまう。米国としてはなんとも複雑な心境だろう。

---

[*1] エニアック (ENIAC：Electronic Numerical Integrator and Computer)：演算回路は現在のような2進法ではなく10進法が用いられており、ストアード・プログラム方式 (プログラムを記憶して実行する方式) ではなかったため計算方法の変更にはスイッチの切り替えなど煩雑な作業を必要とした。用いられた真空管は18,800本で重量は30トンに達した。ENIAC は Electronic Numerical Integrator And Calculator の頭文字を取ったもの。

[*2] ノイマン型：1947年、フォン・ノイマン (Johann Ludwig von Neumann 1903〜1957) によって提唱されたコンピュータ・アーキテクチャで、ストアード・プログラム方式 (プログラムを保存し、それによって動作する) などのデジタル・コンピュータの要件が定義されている。エニアックはノイマン型ではなかった。

▼エニアック

真空管のメンテナンスが大変だった
Public Domain

▼コロッサス

英国海軍婦人部隊により24時間稼働で暗合解析をおこなっていた
Public Domain

▼ナチスドイツのローレンツSZ40暗号機

US National Cryptologic Museum, CC0 1.0

## 2-10 14万台生産された合衆国陸軍 M-209機

　エニグマの誕生と同じ頃、エニグマと同様のローター方式による暗号装置がスウェーデン人のボリス・ハーゲリン（Boris Hagelin）によって作られた。
　1934年には携帯型への要求から、完全に機械化されたポケット型C-28型暗号機が開発された。ハーゲリンはこの暗号機を合衆国に引き渡すことを決断。妻を伴い暗号機と設計図を携え、大胆にも戦中のドイツを横断し、イタリアからニューヨークに渡った。
　当時、米国の通信隊情報部や通信隊研究所では強力な暗号機を開発できなかった。予算が少ないため十分な人員を集められなかったことなどもその要因だった。
　ハーゲリンが米国に暗号機を持ち込む以前にも、ドイツのアレクサンデル・フォン・クリハ（Alexander von Kryha）の発明したクリハ暗号機の北米での販売権を手に入れた依頼人の代理の弁護士が、通信隊司令官宛てにこの暗号機の売り込みに現れた。

「クリハ暗号機は絶対に破れない」と豪語していたが、フリードマンはその安全性はもろいと反論した。後日おこなわれた解読ではフリードマンの理論的研究に基づいて解読をおこなったところ、あっさりと解読されてしまった。

▼クリハ暗号機の原理

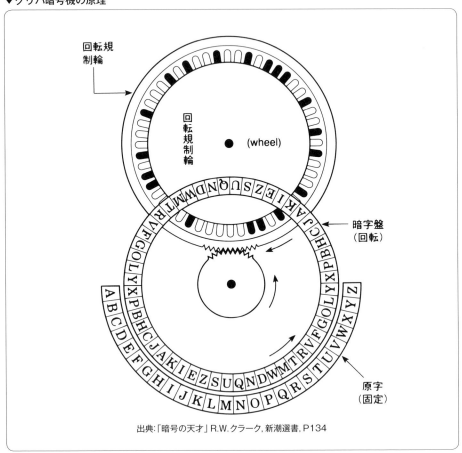

ハーゲリンの持ち込んだ暗号機は従来の機種と比較して十分強力と見られ、政府はすぐにこの暗号機に飛びついた。

すぐに製作されたC-38型機、のちの陸軍M-209機は、終戦までにおよそ14万台生産された。

M-209機は互いに素な周期の6枚の輪を組みあわせて長い周期の鍵を生成する方法であった。

フリードマンはこの機種について、暗号のキー生成原理に従い動作するため、キーの重複した暗号文を作成した場合などには、キー生成のメカニズムが解明されてしまう危険性があることを報告している。

▼米国陸軍 M-209 暗号機

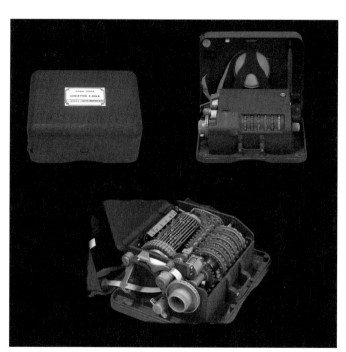

Photograph by Rama, CC BY-SA 2.0 fr

# 2-11 米国が生んだ暗号機「シガバ」

　米国の陸軍と海軍の協力により、最も効果的で能率的な暗号機シガバ(SIGABA)[*1]が生まれた。基本設計は陸軍の手によりおこなわれたが、主要な部分の設計をおこなったのがフリードマンであり、彼の暗号研究の成果が詰め込まれた暗号機と言って良いものだ。

　しかし、シガバ暗号機の価値は開戦前から認識されていたが、なかなか資金調達が思うに任せなかったため、海軍を口説いて資金を提供させ生産を実現した。

　このシガバも戦争の進展とともに利用されるようになり、やがて改良型がシカゴのテレタイプ社で大量生産されるようになった。

　シガバは背の高いタイプライターといった感じの作りで、上部には暗号を生成する5個のホイール状のダイアルやレバーなどが付いており、紙テープに自動的に印刷される仕組みになっている。ここから無線機に接続され、自動的に暗号通信がおこなえるようになっていた。これらは3個のユニットで構成され重量は130Kg以上と重く、トラックでないと運搬できなかった。また電気の消費量も大きかった。

　この暗号機は司令部の最高レベル用に使用され、かのルーズベルト(Franklin Roosevelt 1882～1945)も使用していた。しかし、これだけの重量と電気の消費が多ければ、どこでも使用するといったわけにはいかなかっただろう。

　イギリスではタイペックスと呼ばれる独自の電動式暗号機を使っていたが、英米両軍間の連絡の必要性からアダプターが開発され、タイペックス～シガバ間の暗号通信が可能になった。

　シガバ暗号機の秘密保全は「パープル[*2]の解読」を秘匿する次に重要な事項であり、同盟軍に対しても貸与や見学すら許されなかった。また英国のタイペックスについても同様の扱いであった。このように暗号機は秘密のベールに包まれていたわけだ。

---

[*1] シガバ(SHIGABA)：陸軍ではSIGAVAまたはM-134変換器、海軍ではECM Mark IIまたはCSP-888/889と呼ばれ改修バージョンはCAP-9800と呼ばれていた。

[*2] パープル(PURPLE)：Code 97、通称 九七式欧文印字機。外務省が大使館との通信に使用していた暗号機B型と使用するコードによる暗号通信システムに対して、アメリカ陸軍が付けたコードネーム。九七は皇紀2597年(西暦1937年)から付けられた。1939年以前には解読に時間が掛かり、暗合として十分機能していた。

- シガバ写真：Ryan Somma, flicker URL
  https://www.flickr.com/photos/ideonexus/5176290494

▼シガバ暗号機

US National Cryptologic Museum
Ryan Somma, flicker, CC BY 2.0

# 2-12 九七式暗号機とパープルの誕生

　米国では、1929年に秘密組織ブラック・チェンバー（Black Chamber）が通信隊情報部（SIS）に吸収されたのち、暗号解読課長だったハーバート・ヤードリー（Herbert O. Yardley）は、1931年の春『アメリカのブラック・チェンバー（The American Black Chamber）』を執筆し、この抜粋がサタデー・イブニング・ポスト誌に掲載され大きな反響を呼んだ。

　1921年のワシントン軍縮会議において、日本代表団への日本からの機密メッセージが解読されていたことを知った日本軍は、すべてのコードを新しいものに作り直すことに着手した。コードブックが盗まれていたのだ。
　従来のコードをすべて破棄して新しく作られたが、低レベルの通信には以前の暗合レッド（Red～アメリカ陸軍で呼ばれていたコードネーム）と併用したことから、1932年には新たな暗合ブルー（Blue）もクラックされていた。

欧米方面の駐在武官用の最高機密通信に使用する外交用暗号システムは「パープル」(Purple)と呼ばれ、通信量も少なかったことから解読に難航した。新しいコードと共に新しく生まれ変わった暗号システム、パープルはどのようにして生まれたのだろうか。

　日本帝国海軍はドイツ製エニグマを買い入れ、それをベースに通称九一式印字機に改造を施し、九七式印字機を製作し、使い始めた。外務省は引き渡された九七式印字機に更なる改造を加え、暗号機B型が誕生した。
　1937年、こうして誕生した暗号機B型の暗号生成法は従来のどの暗号機とも異なったものとなり、使用する暗号コードは海軍コードでは「J」と呼ばれた。
　暗号機B型はバッテリーと25個の接点を持ったステッピング・リレー、標準型差込プラグ、複雑な配線システムなどからなり、操作は当日の使用キーに従い26本の配線プラグを差し込み、ローターの開始位置をセットする。オペレーターはコード・ブック「J」から乱数により暗号化された3文字からなるコード（略号）をキーボードから打ち込むことにより暗号化がおこなわれた。

　米国ではこの暗号機B型と海軍コード「J」による外交用暗号システムをパープルと呼んだ。また、このパープルとパープルの解読については、真珠湾攻撃をめぐる合衆国議会の査問委員会で初めて明かされ一般に知られることになり、その登場は劇的だった。

▼ヤードリーとアメリカン・ブラック・チェンバー

US National Cryptologic Museum

▼旧日本海軍暗号

| 暗号名 | |
|---|---|
| 「甲」 | 高級司令部用 |
| 「乙」 | 海上部隊戦略作戦用 |
| 「丙」 | 中国方面情報通信用 |
| 「戊」 | 局地戦闘用 |
| 「己」 | 中国方面陸職用 |
| 「辛」 | 軍需補給用 |
| 「A」 | 連合艦隊特定暗号 |
| 「C」「H」 | 航空通信用 |
| 「F」 | 航空通信用（対空地通信用） |
| 「D」 | 一般通信用 |
| 「J」（紫暗号） | 欧米方面駐在武官用 |
| 「S」 | 1000t以上の商船用 |
| 「W」 | 出入船出報告用 |
| 「IC」 | 諜報員用 |
| | |
| 海外秘密電信暗号 | 駐在武官用予備 |
| 漁船用暗号 | 全船舶用 |
| 新暗 | 米国西岸駐在部官用 |
| 3省共用暗号 | 陸海軍・外務省用 |

# 2-13 マジックvsパープル

　米国の外国暗号解読作業、また、作業グループは通称マジック（Magic）と呼ばれた。通信隊情報部の所属となったフリードマンとそのチームは、1937年のパープルの使用直後からこの最新の暗号無線通信の傍受を開始していた。また、パープルによる暗号通信記録は最優先で各地から集められ、フリードマンの元に届けられるようになった。

　米国は、日本陸軍の暗号システムの解析は部分的に成功し、日本海軍のコードも

なんとか解読していたが、パープルは通信量も少なく、解読はなかなか進まなかったようだ。

1939年には海軍などの協力により、フリードマン・チームはパープルの解読に専念することになった。また、以前に使用されていたレッド、ブルー暗号[*1]に関する技術情報を入手してはいたが、それでもパープルの解明には至らなかった。

一方、日本側は暗号機B型の配備が遅れているところがあったため、暗号の一斉切り替えをおこなうことができなかったようだ。一部には既に解読されていたレッドでの通信と重複するところがあり、これらが解読のヒントとなったようだ。

やがて、米国は、フリードマン・チームの暗号解析官ラリー・クラークの着想を採用した数日後にはパープルのレプリカを完成させた。また、鍵は通常、日付や発信先などを元にしているが、鍵を事前に90%まで予測できるようになり、暗号解読による日本の情報は堰を切ったように流れ始めた。奇しくも日本が三国同盟に調印する2日前の1940年9月25日であった。

## 2-14 秘密主義の犠牲

英国の秘密主義は、戦後も長い間に渡ってコロッサスの存在を隠し通してきた。それは戦後の冷戦時代においても諜報活動を重視してきた現われであろう。

暗号解読の行為はそれを敵国に悟られてはならない。このことは敵国の行動を知りながらも自分達の行動には制限が加わることになる。

暗号が解読されていることがわかってしまえば、敵国は暗号システムを変更することになり、今までの苦労が水の泡となってしまう。再び暗号が解読ができるようになるまでには、多くの人材と時間を必要とすることになり戦局に大きな影響を与えるだろう。

第二次世界大戦の初期、英国中部、バーミンガムの東南東約30キロにある古都であり重工業都市であるコベントリー（Coventry）はドイツ軍の空襲で壊滅した。

---

[*1] レッド、ブルー暗号：日本が使用していた暗合に対して、アメリカ軍が付けたコードネーム。レッド（Red）は第一次世界大戦中に日本海軍が使用していたが、コードブックが盗まれた。ブルー（Blue）は1930年に新たに作成されたが、レッドと併用されていたためか1932年にはクラックされている。

しかし、「ドイツ空軍の空前絶後の大勝利」と宣伝されたこの攻撃、「月光の曲作戦」[*1]はウルトラの暗号解読で、英国は2日前には分かっていた。

報告を受けたチャーチル首相はこの情報を握りつぶした。航空部隊を総動員すれば防ぐことが可能だったが、そうすることにより暗号解読を知られてしまうことになる。この決定は、都市ひとつの犠牲より暗号解読で得られる情報の方が重要と判断したと言える。

同様の例として、人気俳優が米国に向かう予定の飛行機がドイツ軍に狙われていることを知ったが、この時も情報を握りつぶすことになった。この俳優の乗った飛行機は予定通りに攻撃を受け、撃墜されてしまった。

なかなか厳しい判断だが、この判断がなければノルマンディー上陸作戦は存在しなかったのかもしれない。

一方、米国でも海軍史上、最悪の880人という犠牲者を出した巡洋艦インディアナポリスが、日本海軍伊号潜水艦に魚雷で撃沈された事件（1945年）についても同様であった。海軍当局は日本の暗号解読により日本軍の潜水艦の行動を掌握しており、すでに近くの海域で大型船が撃沈されていることを知りながらも、この情報が伝えられることはなかったのだ。ちなみにこの巡洋艦インディアナポリスには原子爆弾の部品が極秘貨物として積載されていた。

## 2-15 太平洋戦争と暗号

日米関係が微妙となってきた開戦前夜、日米交渉は難航していた。

コーデル・ハル（Cordell Hull）国務長官は日本の外交用暗号パープルの解読により既に日本の手の内を知りつくしており、野村、来栖両大使からの提案に対し、日本にとっては強硬で屈辱的な要求をハル・ノートで突き付ける結果となった。

アメリカ大統領フランクリン・ルーズベルトは日本人を嫌悪していたが、日本のインドシナ半島への進行を知ったことにより、日本人は信用できないという思いをより高める要因になったであろう。

---
[*1] 月光の曲作戦：皆既月食の夜に闇に紛れておこなうという作戦であったが、実際には月食の日は計算違いだったのか、ずれたようだ。

また、親中華民国派で日本については無知であったことから対日強硬を主張した、国務長官特別顧問のスタンリー・クール・ホーンベック（Stanley Kuhl Hornbeck）の存在や、ソ連のスパイであった財務次官補のハリー・デクスター・ホワイト（Harry Dexter White）らが、ソ連のためにハル・ノートを強硬案に意図的に誘導し、日本をアメリカとの戦争に追い込んだとの疑惑が持たれている。後に、日本に突きつけた条件についてハル自身が「日本との間で合意に達する可能性は、現実的に見ればゼロである」と語っている。

　1941年11月26日、日米交渉最終段階におけるハル・ノートは日本にとっての最後通牒となり、12月1日、東条英機内閣は対米開戦を決定した。
　国内に資源を持たず、また、目の前のシンガポールは英国の植民地といった状況下で、日本が無条件ですべての植民地を手放さなければならないと解釈した東条内閣に、ハル・ノートの受け入れは考えられなかった。

▼ハル・ノート

国立公文書館アジア歴史資料センター

　暗号通信が筒抜けになっていたのは米国在住の大使との連絡のみならず、同盟国であったドイツ在住の大使からの通信も同様であり、ここからドイツ軍の方針を連合国軍に知られることになってしまう。このことは太平洋戦線ばかりか、ヨーロッパ戦線においても大きな犠牲を払うことになった。
　ミッドウェイ海戦の敗北や山本五十六提督の戦死などはすべて暗号が解読されていたことが要因となっており、この結果は戦局に大きな影響を与えた。

合衆国はパープルを解読した結果、広島、長崎に原爆投下をおこなう前に日本が和平工作に乗り出していた事実を承知していた。
　多くの戦意喪失を伝える暗号通信を傍受していたウィリアム・フリードマンは後年こう語っている。
「もし私が大統領と話し合えるチャンネルを持ってさえいたら、きっと原爆を投下しないように勧告しただろう。何と言っても戦争は一週間以内に終わる見通しだったのだから。」(『暗号の天才』新潮選書 ロナルド・クラーク(著) 新庄 哲夫(翻訳) から)

## 2-16 推理小説と暗号

　暗号の中でもポピュラーな換字式暗号はさまざまな小説で取り上げられている。
　暗号研究家でも知られている推理作家のエドガー・アラン・ポー(Edgar Allan Poe 1809〜49)は、彼の代表的な作品のひとつ『黄金虫』(1843)で見事に換字式暗号を解読しており、江戸川乱歩を感嘆させている。乱歩は「この作品の着想が暗号解読であったと思われる」と語っているが、この作品は換字式暗号の解読書とも言えるだろう。
　『黄金虫』のヒントは、ポーが記者時代に参考にしていたとして知られているリース(Abraham Rees)の編集した『百科辞典』(The Cyclopaedia、London、1802)に書かれた、ウィリアム・ブレア(William Blair)の「暗号」(Cipher)の論文を参考に使ったらしい。作品中の解説に使われている文字の出現頻度に関する表記にjとvが抜けていることや、子音の頻度順をアルファベット順に表記していることなどにもその痕跡が残されている。

▼ポー『黄金虫』の換字表（不規則配列型の例）

| 組立↓ | 原字 | a | b | c | d | e | f | g | h | i | j | k | l | m | n | o | p | q | r | s | t | u | v | w | x | y | z | ↑翻訳 |
|---|---|---|---|---|---|---|---|---|---|---|---|---|---|---|---|---|---|---|---|---|---|---|---|---|---|---|---|---|
| | 暗字 | 5 | 2 | − | † | 8 | 1 | 3 | 4 | 6 | | | ; | 0 | 9 | * | ‡ | · | ( | ) | | ? | ¶ | ] | | | : | |

　またコナン・ドイル(Arthur Conan Doyle 1859〜1930)の、シャーロック・ホームズ・シリーズにも難解な暗号が登場している。
　ワトソンが、「なんだ、これは子供が描いた絵じゃないか！」と叫んだ『踊る人形』

(1903)の絵である。この作品においても文字出現頻度を参考に解読されているが、Eの使用頻度を解読の手がかりにしている。

▼踊る人形

こちらの文字出現頻度の方がポーのものより信頼性は高い統計結果と言える。また、現在なら２文字連接度を参考にした解析をおこなうだろう。

この絵文字の独創性についてはいろいろ議論されているようだが、"ST.Nichlas"（1878　米国）のものに酷似していることは否定できない。

▼ ST.Nichlas

▼英語アルファベット２文字連接度数表（度数順配列／ニューヨークタイムズより１０万字統計）

| → | E | T | A | O | I | N | R | S | H | D | C | L | M | P | U | F | G | W | Y | B | V | K | X | J | Q | Z | 計 |
|---|---|---|---|---|---|---|---|---|---|---|---|---|---|---|---|---|---|---|---|---|---|---|---|---|---|---|---|
| E | 575 | 773 | 853 | 280 | 393 | 1,388 | 1,631 | 1,407 | 146 | 904 | 697 | 446 | 479 | 553 | 89 | 317 | 212 | 300 | 121 | 170 | 289 | 32 | 138 | 21 | 38 | 2 | 12,254 |
| T | 1,039 | 470 | 665 | 995 | 1,173 | 40 | 299 | 414 | 2,749 | 59 | 87 | 103 | 175 | 169 | 68 | 30 | 249 | 326 | 84 | 5 | | 6 | 1 | | | | 9,412 |
| A | 22 | 1,461 | 149 | 63 | 292 | 1,463 | 880 | 759 | 71 | 275 | 367 | 778 | 223 | 199 | 97 | 111 | 170 | 148 | 156 | 220 | 168 | 59 | 18 | 37 | 4 | 1 | 8,191 |
| O | 64 | 420 | 126 | 119 | 91 | 1,385 | 1,040 | 314 | 37 | 155 | 153 | 273 | 500 | 272 | 697 | 854 | 76 | 280 | 15 | 131 | 231 | 25 | 2 | 3 | | | 7,259 |
| I | 293 | 953 | 165 | 661 | 2 | 1,637 | 197 | 993 | 3 | 211 | 523 | 400 | 221 | 49 | 7 | 168 | 192 | 6 | | 71 | 219 | 23 | 45 | | 5 | 57 | 7,101 |
| N | 638 | 1,271 | 566 | 514 | 414 | 99 | 56 | 489 | 70 | 82 | 149 | 76 | 121 | 48 | 76 | 141 | 667 | 76 | 111 | 2 | 45 | 33 | 32 | 2 | | 3 | 7,061 |
| R | 1,587 | 485 | 536 | 609 | 595 | 220 | 97 | 402 | 43 | 885 | 213 | 101 | 218 | 135 | 133 | 52 | 97 | 58 | 157 | 43 | 50 | 125 | 2 | 2 | | 2 | 6,854 |
| S | 770 | 1,201 | 511 | 543 | 694 | 95 | 46 | 459 | 261 | 50 | 339 | 97 | 300 | 101 | 28 | 118 | 9 | 37 | 36 | 131 | 9 | 9 | | | | | 6,356 |
| H | 2,099 | 212 | 879 | 392 | 552 | 14 | 107 | 21 | 25 | 7 | 72 | 10 | 16 | 28 | 62 | 9 | 3 | 21 | 19 | 11 | 3 | 2 | | | | | 4,567 |
| D | 606 | 516 | 346 | 324 | 482 | 79 | 117 | 77 | 66 | 140 | 56 | 89 | 164 | 119 | 99 | 36 | 116 | 4 | 202 | 17 | 2 | | | 12 | 2 | | 3,907 |
| C | 487 | 260 | 383 | 645 | 218 | 1 | 122 | 32 | 408 | 3 | 73 | 102 | 884 | 19 | 88 | 2 | 1 | 3 | 41 | 4 | | 55 | | 1 | | 1 | 3,833 |
| L | 580 | 121 | 438 | 195 | 506 | 23 | 55 | 130 | 17 | 288 | 63 | 588 | 43 | 71 | 100 | 77 | 20 | 27 | 336 | 45 | 31 | 16 | | 1 | | | 3,774 |
| M | 649 | 46 | 1,278 | 277 | 392 | 8 | 44 | 61 | 5 | 3 | 18 | 8 | 141 | 194 | 89 | 13 | 5 | 10 | 12 | 80 | 2 | | 1 | | | | 3,337 |
| P | 362 | 87 | 234 | 388 | 62 | 1 | 1,243 | 33 | 35 | 3 | 5 | 166 | 15 | 212 | 98 | 4 | 5 | 4 | 2 | 5 | | | | | | | 2,886 |
| U | 100 | 315 | 90 | 22 | 57 | 379 | 362 | 334 | 3 | 35 | 156 | 299 | 98 | 110 | 2 | 12 | 99 | 1 | 5 | 94 | 1 | 1 | 3 | | | | 2,578 |
| F | 190 | 364 | 283 | 40 | 185 | 54 | 27 | 20 | 7 | 1 | 56 | 31 | 39 | 164 | 119 | 131 | 20 | 7 | 19 | 5 | 3 | 1 | | 1 | | | 2,258 |
| G | 291 | 134 | 194 | 154 | 135 | 73 | 222 | 60 | 203 | 3 | 7 | 36 | 16 | 15 | 40 | 59 | 17 | 20 | 11 | 8 | 14 | 2 | | | | | 1,708 |
| W | 349 | 21 | 201 | 256 | 254 | 61 | 13 | 27 | 26 | 1 | | 5 | 3 | | 5 | | | | 16 | | 1 | | | | | | 1,593 |
| Y | 109 | 205 | 144 | 158 | 85 | 35 | 30 | 120 | 49 | 37 | 149 | 18 | 65 | 118 | 8 | | 70 | 24 | 81 | 8 | 53 | 8 | 1 | | 2 | 3 | 2 | 1,582 |
| B | 522 | 20 | 117 | 113 | 101 | | 77 | 13 | | 10 | 174 | 3 | 2 | 1 | 153 | 1 | | | 149 | 4 | 4 | | | 7 | | | 1,471 |
| V | 697 | 1 | 79 | 64 | 224 | | | 8 | 2 | | | 2 | | | 5 | | 6 | | | | | | | | | | 1,093 |
| K | 131 | 12 | 20 | 21 | 60 | 18 | 7 | 37 | 30 | 5 | 2 | 27 | 12 | 1 | 8 | | 4 | | | 1 | | | | | | | 412 |
| X | 15 | 64 | 12 | 3 | 25 | 2 | | 1 | | | 22 | 1 | | 3 | 53 | 3 | | | | 2 | | 1 | | | | | 211 |
| J | 36 | | 8 | 50 | | 4 | | | | | | | | | 37 | | | | | | | | | | | | 138 |
| Q | | | | | | | | | | | | | | | 89 | | | | | | | | | | | | 89 |
| Z | 43 | | 16 | 3 | 11 | | | | | | | | | | 2 | | | | | | | | | | | | 75 |

日本の推理小説では大御所、江戸川乱歩の『二銭銅貨』の暗号はなかなかユニークだ。さすがに「暗号記法の分類」という小論を発表するだけのことはある。

　『二銭銅貨』での暗号法は換字式に分置式を加えたもので、南無阿弥陀仏の六文字をそれぞれ点字の穴に対応させた換字暗号である。

　ドイルの「踊る人形」は印刷メディアならではの暗号と言える。小説の世界においては通信のためという制限がないため換字法以外にも転地法など様々な暗号が試みられている。

▼ 『二銭銅貨』の換字式＋分置式暗号

陀、無弥仏、南無弥仏、阿陀仏、

南無阿陀、阿弥陀、無陀、陀、

南無陀仏、無仏、南無阿陀、

無阿弥、南陀仏、南弥、無阿弥陀、

無阿弥陀仏、南無阿陀、阿弥、

無陀、南弥、無阿弥陀、

南無陀仏、阿弥陀、無弥、

南弥、南無陀仏、無阿弥陀、

南無陀、南無弥仏、無阿弥陀、

南弥、南無阿弥、南阿仏、

無阿弥陀、南無阿、阿陀仏、

無阿弥、南阿、南阿仏、陀、

南無、南阿仏、陀、南阿陀、

南無、南阿仏、陀、南阿陀、

南無陀仏、阿弥陀、南弥仏、阿弥、

南陀、無阿弥、阿弥陀、無陀、

南無阿弥陀、阿陀仏、

南無阿弥陀、阿陀仏、

# 2-17 ベルヌ、多表式暗号を解読する

　SFの先駆者であるフランスの作家ジュール・ベルヌ（Jules Verne 1828〜1905）の作品においても、暗号解読が重要な役割を担う作品がある。

　『ジャンガダ（大筏）』（Le Jangada 1881）においては『黄金虫』や『踊る人形』より更に高度な換字式暗号である、多表式暗号が登場する。

　ベルヌは『地底旅行』においても暗号を登場させているが、その背景には19世紀に多くの暗号文献がフランスで出版されたことと無関係とは言い切れないようだ。

　ではここで『ジャンガダ』に登場した多表式暗号の解き方を紹介しよう。

　ハリケス判事はダイヤモンド強奪事件で死刑を宣告されたグラールの無実を救うべく、真犯人が残した暗号解読に取り組むことになる。

▼ 『ジャンガダ』の暗号文、最後の節

```
PHYJSLYDDQFDZXGASGZZQQEHXGKFNDRXUJUG
IOCYTDXVKSBXHHUYPOHDVYRYMHUHPUYDKJ0X
PHETOZSLETNPMVFFOVPDPAJXHYYNOJYGGAYM
EQYNFUQLNMVLYFGSUZMQIZTLBQGYUGSQEUBV
NRCREDCRUZBLRMXYUHQHPZDRRCCROHEPQXUF
IVVRPLPHONTHVDDQFHQSNTZHHHNFEPMQKYUU
EXKTOGZGKYUUMFVIJDQDPZJQSYKRPLXHXQRY
MVKLOHHHOTOZVDKSPPSUVJHD
```

　ハリケスは換字式暗号解読の常套手段として文字の出現頻度を調べるが、この頻度が平均化されていることから1つの換字表ではなく、複数の換字表を使った多表式の暗号であると想像した。ここで使われた換字式暗号は6文字を1ブロックとし、それぞれの文字のシフト量（文字の順方向にずらす量）がそれぞれ異なった多表式暗号であった。

　この複数の換字表を選ぶ方法として17世紀の中頃、ドイツのグロンスフェルト伯爵が考案した多表を利用することに気づく。（ただし、この方式では文字のシフト量

062

が9文字までとなっておりそれ以上は考慮されていない。)

　このグロンスフェルト多表は、暗号化には鍵数字と元の文字から暗号文字を選んだり、解読時には鍵数字と暗号文字から元の文字を選んだりできる。多表式換字表の早見表といったものだ。

#### ▼グロンスフェルトの多表

（原　字）

| 鍵数字 | a | b | c | d | e | f | g | h | i | j | k | l | m | n | o | p | q | r | s | t | u | v | w | x | y | z | 暗字 |
|---|---|---|---|---|---|---|---|---|---|---|---|---|---|---|---|---|---|---|---|---|---|---|---|---|---|---|---|
| 0 | A | B | C | D | E | F | G | H | I | J | K | L | M | N | O | P | Q | R | S | T | U | V | W | X | Y | Z | |
| 1 | B | C | D | E | F | G | H | I | J | K | L | M | N | O | P | Q | R | S | T | U | V | W | X | Y | Z | A | |
| 2 | C | D | E | F | G | H | I | J | K | L | M | N | O | P | Q | R | S | T | U | V | W | X | Y | Z | A | B | |
| 3 | D | E | F | G | H | I | J | K | L | M | N | O | P | Q | R | S | T | U | V | W | X | Y | Z | A | B | C | |
| 4 | E | F | G | H | I | J | K | L | M | N | O | P | Q | R | S | T | U | V | W | X | Y | Z | A | B | C | D | |
| 5 | F | G | H | I | J | K | L | M | N | O | P | Q | R | S | T | U | V | W | X | Y | Z | A | B | C | D | E | |
| 6 | G | H | I | J | K | L | M | N | O | P | Q | R | S | T | U | V | W | X | Y | Z | A | B | C | D | E | F | |
| 7 | H | I | J | K | L | M | N | O | P | Q | R | S | T | U | V | W | X | Y | Z | A | B | C | D | E | F | G | |
| 8 | I | J | K | L | M | N | O | P | Q | R | S | T | U | V | W | X | Y | Z | A | B | C | D | E | F | G | H | |
| 9 | J | K | L | M | N | O | P | Q | R | S | T | U | V | W | X | Y | Z | A | B | C | D | E | F | G | H | I | |

　しかし、このグロンスフェルト方式では、キーワードとなる単語か鍵数字そのものを想像して暗号文と比較してみるしか方法はない。

　この当時、多表式の暗号は鍵数字を入手するか、暗号文にキーワードを当てはめて鍵数字を入手するしか方法はない。

　しかし、キーワードを仮定した解読では、仮定した語句が暗号文中に使用されていることと、その位置を確定できないと鍵を手に入れることはできない。しかも、暗号文には文字の切れ目がないために、暗号文の先頭か末尾にキーワードを当てはめて解読するしか方法はないものと思われていたのだ。

　試行錯誤を繰り返したがなかなか解読ができなかったハリケス判事であったが、土壇場でついに解読のキーワードとなるオルテガ（Ortega）という名前を手に入れた。この文字を最後の6文字に当てはめることで鍵数字を入手することができ、暗号文のすべてを解読できたのは幸いと言えるだろう。

　実は物語の中では「ダイヤモンド」や「輸送隊」といったキーワードも考えられ、これらで解読作業をおこなえば解読できたのだが、当時知られていた解読法には文中のキーワードを検索する効率的な方法は考えられていなかったようだ。幸いにも末尾の文字列が一致したので解読できたのである。

ではキーワードから文中の鍵数字を検索する方法を紹介しよう。ただし、この方法はグロンスフェルト方式を想定して、鍵数字が9文字以内と考えている。また、鍵数字のブロック長も短いものと想定している。

① まず、横に暗号文（PHYJ…）すべてを並べ、次に縦にキーワード"diamants"（ダイアモンドの仏語）を書く。キーワードが短すぎるとすべての鍵数字列を得られない可能性があるので、適度な長さの単語が必要となる。

② キーワードの一番上の文字(d)から横方向と、暗号文の縦方向の交差する部分にシフト量を記入していく。
　このシフト量が10以上の時には、xを書き込み次の暗号文字（右）に移動する。つまりキーワードの文字に対してこの暗号文字は該当しないことになる。
　10未満の時にはシフト量を書き込み、次のキーワードの文字(i)と次の暗号文字を比較してシフト量を記入する。つまり、右下に階段状にシフト量を埋めてゆく。

　この時注意しなければならないのが言語がフランス語であることだ．英語ではアルファベットは26文字だが、フランス語での"K"と"W"は外来語である．暗号文には"K"は出てくるが"W"は出てこないことから"W"は無いものとしてシフト量に加えない．

▼グロンスフェルトの多表（仏語）

|   | a | b | c | d | e | f | g | h | i | j | k | l | m | n | o | p | q | r | s | t | u | v | x | y | z |
|---|---|---|---|---|---|---|---|---|---|---|---|---|---|---|---|---|---|---|---|---|---|---|---|---|---|
| 0 | A | B | C | D | E | F | G | H | I | J | K | L | M | N | O | P | Q | R | S | T | U | V | X | Y | Z |
| 1 | B | C | D | E | F | G | H | I | J | K | L | M | N | O | P | Q | R | S | T | U | V | X | Y | Z | A |
| 2 | C | D | E | F | G | H | I | J | K | L | M | N | O | P | Q | R | S | T | U | V | X | Y | Z | A | B |
| 3 | D | E | F | G | H | I | J | K | L | M | N | O | P | Q | R | S | T | U | V | X | Y | Z | A | B | C |
| 4 | E | F | G | H | I | J | K | L | M | N | O | P | Q | R | S | T | U | V | X | Y | Z | A | B | C | D |
| 5 | F | G | H | I | J | K | L | M | N | O | P | Q | R | S | T | U | V | X | Y | Z | A | B | C | D | E |
| 6 | G | H | I | J | K | L | M | N | O | P | Q | R | S | T | U | V | X | Y | Z | A | B | C | D | E | F |
| 7 | H | I | J | K | L | M | N | O | P | Q | R | S | T | U | V | X | Y | Z | A | B | C | D | E | F | G |
| 8 | I | J | K | L | M | N | O | P | Q | R | S | T | U | V | X | Y | Z | A | B | C | D | E | F | G | H |
| 9 | J | K | L | M | N | O | P | Q | R | S | T | U | V | X | Y | Z | A | B | C | D | E | F | G | H | I |

外来語のWを使用していない例（KとWは外来語）

③ この作業を繰り返し、途中でxとなった場合にはキーワードの最初の文字の列（d）に戻り、まだ埋めていない次の暗号文字に移動して作業を繰り返す。

④ キーワードの文字すべてに数字が記入されたなら、このキーワードに対して得られた鍵数字の繰り返しループを確認し、続きの暗号文、数文字に鍵数字を当てはめ、解読をおこなう。もし、ここで文章になっていればすべての暗号文に鍵数字を記入し、解読をおこなう。

⑤ ここで、まともな文章が得られなかった場合には③からの作業を繰り返す。

　以上の方法で鍵の検索をおこなうが、このキーワードに対して発見できなかった場合には他のキーワードを考え、解読作業を繰り返していかなければならない。

**▼キーワードによる鍵数字の検索**

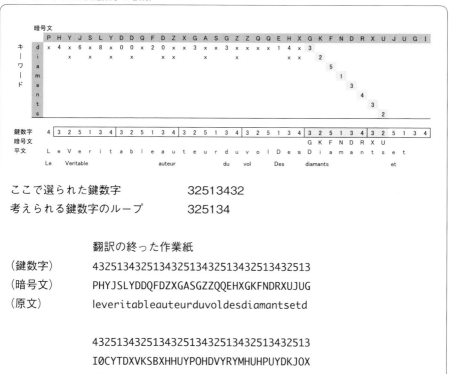

```
432513432513432513432513432513432513
PHETOZSLETNPMVFFOVPDPAJXHYYNOJYGGAYM
leconvoicommisdanslanuitduvingtdeuxj

432513432513432513432513432513432513
EQYNFUQLNMVLYFCSUZMQlZTLBQGYUGSQEUBV
anviermilhuitcentvingtsixnestdoncpas

432513432513432513432513432513432513
NRCREDGRUZBLRMXYUHQHPZDRRCCROHEPQXUF
joamdacostainjustementcondamneamortc

432513432513432513432513432513432513
IVVRPLPHONTHVDDQFHQSNTZHHHNFEPMQKYUU
estmoilemiserableemployedeladministr

432513432513432513432513432513432513
EXKTOGZGKYUUMFVIJDQDPZJQSYKRPLXHXQRY
ationdudistrictdiamantinouimoiseulqu

432513432513432513432513
MVKLOHHHOTOZVDKSPPSUVJHD
isignedemonvrainomortega
```

解読された平文
```
Le veritable auteur du vol des diamants et de
l'assassinat des soldats qui escortaient
le convoi, commis dans la nuit du vingt-deux
janvier mil huit cent vingt-six, n'est donc pas
Joam Dacosta, injustement condamne a mort ;
cest moi , le miserable employe de l'administration
du district diamantin, oui moi seul, qui
signe de mon vrai nom, Ortega.
```

「ゆえに、1826年1月22日の夜におこなわれたダイヤモンドの強奪および輸送隊の護衛兵殺害の真犯人はホアン・ダコスタではない。彼に対する死刑の宣告には正当な根拠がない。犯人は、ダイヤモンド鉱山の事務所の下級事務員の私なのである。いかにも、私一人のしわざであり、ここに私の本名オルテガをもってこれを記す」(『ジャンガダ』の暗号解読 －『数理科学』サイエンス　1975年12月号　長田順行)

さて、ここで紹介した解読方法はグロンスフェルト方式を想定して鍵数字が0〜9となっていたが、もし鍵数字がアルファベット26文字すべてを扱う場合には、どのような方法が考えられるだろうか。

　実はグロンスフェルト多表を拡張したヴィジュネルの正方形の表がある。また、これをより簡略化した表にカザノーヴァのピラミッド型の表がある。

　これらの表では鍵数字の代わりに鍵にアルファベットを当てはめている。Aでシフト量が0、Bでシフト量が1、Zでシフト量が25といった具合だ。

　うまい具合にこの鍵文字が意味のある単語となっていた場合には、先に使った表を同様に利用し、斜めの文字列（鍵文字）に意味のある単語がないか探すことができる。しかし、この場合には予想したキーワードに対して表を斜めにすべてを埋めていかなければならない。

　これらの解読を手作業でおこなうのは大変な作業といえるが、現在ならパソコンを使えば手作業を大幅に減らすことができる。

## ▼ヴィジュネルの正方形の表

|   | a | b | c | d | e | f | g | h | i | j | k | l | m | n | o | p | q | r | s | t | u | v | w | x | y | z |
|---|---|---|---|---|---|---|---|---|---|---|---|---|---|---|---|---|---|---|---|---|---|---|---|---|---|---|
| A | A | B | C | D | E | F | G | H | I | J | K | L | M | N | O | P | Q | R | S | T | U | V | W | X | Y | Z |
| B | B | C | D | E | F | G | H | I | J | K | L | M | N | O | P | Q | R | S | T | U | V | W | X | Y | Z | A |
| C | C | D | E | F | G | H | I | J | K | L | M | N | O | P | Q | R | S | T | U | V | W | X | Y | Z | A | B |
| D | D | E | F | G | H | I | J | K | L | M | N | O | P | Q | R | S | T | U | V | W | X | Y | Z | A | B | C |
| E | E | F | G | H | I | J | K | L | M | N | O | P | Q | R | S | T | U | V | W | X | Y | Z | A | B | C | D |
| F | F | G | H | I | J | K | L | M | N | O | P | Q | R | S | T | U | V | W | X | Y | Z | A | B | C | D | E |
| G | G | H | I | J | K | L | M | N | O | P | Q | R | S | T | U | V | W | X | Y | Z | A | B | C | D | E | F |
| H | H | I | J | K | L | M | N | O | P | Q | R | S | T | U | V | W | X | Y | Z | A | B | C | D | E | F | G |
| I | I | J | K | L | M | N | O | P | Q | R | S | T | U | V | W | X | Y | Z | A | B | C | D | E | F | G | H |
| J | J | K | L | M | N | O | P | Q | R | S | T | U | V | W | X | Y | Z | A | B | C | D | E | F | G | H | I |
| K | K | L | M | N | O | P | Q | R | S | T | U | V | W | X | Y | Z | A | B | C | D | E | F | G | H | I | J |
| L | L | M | N | O | P | Q | R | S | T | U | V | W | X | Y | Z | A | B | C | D | E | F | G | H | I | J | K |
| M | M | N | O | P | Q | R | S | T | U | V | W | X | Y | Z | A | B | C | D | E | F | G | H | I | J | K | L |
| N | N | O | P | Q | R | S | T | U | V | W | X | Y | Z | A | B | C | D | E | F | G | H | I | J | K | L | M |
| O | O | P | Q | R | S | T | U | V | W | X | Y | Z | A | B | C | D | E | F | G | H | I | J | K | L | M | N |
| P | P | Q | R | S | T | U | V | W | X | Y | Z | A | B | C | D | E | F | G | H | I | J | K | L | M | N | O |
| Q | Q | R | S | T | U | V | W | X | Y | Z | A | B | C | D | E | F | G | H | I | J | K | L | M | N | O | P |
| R | R | S | T | U | V | W | X | Y | Z | A | B | C | D | E | F | G | H | I | J | K | L | M | N | O | P | Q |
| S | S | T | U | V | W | X | Y | Z | A | B | C | D | E | F | G | H | I | J | K | L | M | N | O | P | Q | R |
| T | T | U | V | W | X | Y | Z | A | B | C | D | E | F | G | H | I | J | K | L | M | N | O | P | Q | R | S |
| U | U | V | W | X | Y | Z | A | B | C | D | E | F | G | H | I | J | K | L | M | N | O | P | Q | R | S | T |
| V | V | W | X | Y | Z | A | B | C | D | E | F | G | H | I | J | K | L | M | N | O | P | Q | R | S | T | U |
| W | W | X | Y | Z | A | B | C | D | E | F | G | H | I | J | K | L | M | N | O | P | Q | R | S | T | U | V |
| X | X | Y | Z | A | B | C | D | E | F | G | H | I | J | K | L | M | N | O | P | Q | R | S | T | U | V | W |
| Y | Y | Z | A | B | C | D | E | F | G | H | I | J | K | L | M | N | O | P | Q | R | S | T | U | V | W | X |
| Z | Z | A | B | C | D | E | F | G | H | I | J | K | L | M | N | O | P | Q | R | S | T | U | V | W | X | Y |

▼カザノーヴァのピラミッド型の表

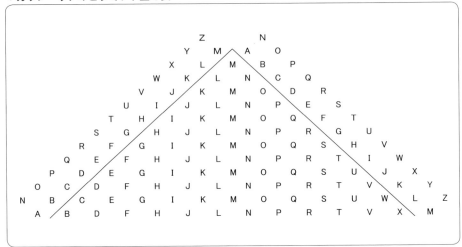

## 2-18 多表式暗号を解く正攻法

　『ジャンガダ』の解読方法では、偶然にもキーワードを入手できたため解読をおこなうことができたが、他の方法も紹介しよう。

　まず初めに多表式暗号の鍵の繰り返し周期、つまり鍵の長さのを求めることから始める。短い暗号では鍵の繰り返し周期を求めることが解読の決め手となる。

　暗号文中に同じ文字列の繰り返しがあった場合には、同一文字列の可能性が高い。このように同じ文字列が再度出現することを「同語反復」と言う。同語反復の中には偶然に同じ文字列になるものもあるので、できれば2文字より3文字、4文字と長い文字列のほうが精度は高くなるが、出現頻度は文字数が増えるほど少なくなる。5文字以上の場合には、ほぼ同じ文字列と見て間違いないと考えられる。その文字間隔を求めれば、鍵の周期はその約数と考えられる。

　このような文字列を複数見つけ、その最大公約数をとって周期を求められる可能性が高いが、少ないサンプルで公約数を求めると、鍵の数倍の長さしか求められない可能性が高い。

　『ジャンガダ』の暗号文から鍵の長さを求めてみた。

４文字の繰り返しは１組しか発見できなかったが、３文字の繰り返しを３組発見できた。

　　KYUUの間隔12、RPLの間隔60、RYMの間隔192、HHHの間隔54

　これらから求められる最大公約数は６となり鍵の周期は６であることが求められた。

　鍵の周期がわかったところで、この文字列を横６文字として縦に並べてゆく。
　これにより縦の列は同じ換字表を使っていることになるので、それぞれの列で文字の出現頻度を調べて頻度表を作成する。
　以上の作業により、各列ごとに頻度表から鍵を求めることができる。また、前後の文字の関係を参考に、頻度表から鍵を求めるといったことをおこなう。

　もし、同語反覆を見つけにくい時には周期を想定し、その長さに並べ替えて同じ文字列を探す方法が考えられる。また、どうしても同語反覆が見つからなかった場合には、鍵の周期を想定して頻度表を作成する作業をおこなうことになるだろう。

## ▼同語反復から鍵の長さを求める

```
PHYJSLYDDQFDZXGASGZZQQEHXGKFNDRXUJUGIOCYTDXVKSBXHHUYPOHDVYRYMHUHPUYDKJ0X
~~                                             **        ---**

PHETOZSLETNPMVFFOVPDPAJXHYYNOJYGGAYMEQYNFUQLNMVLYFGSUZMQIZTLBQGYUGSQEUBV
~~

NRCREDCRUZBLRMXYUHQHPZDRRCCROHEPQXUFIVVRPLPHONTHVDDQFHQSNTZHHHNFEPMQKYUU
              ^^                 ^^^~~              ~~~        ****

EXKTOGZGKYUUMFVIJDQDPZJQSYKRPLXHXQRYMVKLOHHHOTOZVDKSPPSUVJHD
        ****        ^^     ^^^     ---     ~~~
```

| | |
|---|---|
| KYUUの間隔 | 12 |
| RPLの間隔 | 60 |
| RYMの間隔 | 192 |
| HHHの間隔 | 54 |
| HUの間隔 | 12 |
| PHの間隔 | 72, 114 |
| PZの間隔 | 72 |

069

以上の値から最大公約数６（鍵長）が求められる。

```
123456
------
PHYJSL
YDDQFD
ZXGASG
ZZQQEH
XGKFND
RXUJUG
IOCYTD
XVKSBX
HHUYPO
HDVYRY
MHUHPU
YDKJ0X
   ⋮
```

　鍵の周期に区切って、縦の列それぞれで文字の出現頻度の表を作成する。鍵の周期の長さに間違いがなければ、縦の列それぞれは単文字換字法と想定することができる。

Digital
Cypher
Revolution

# 第3部
# エレクトロニクスと
# 暗号技術

暗号の入門書籍では語られることの少ないエレクトロニクスと
暗号技術の深い関係を探る。

第1章　ハイパー・プロテクト AV 編
1-1　コピーすると画像が乱れるビデオテープの謎
1-2　コピープロテクトがCDドライブを破壊する!?
　　　～コピーコントロールCDの闇
1-3　一世代までしかコピーできない録音テープの不思議
　　　～早すぎたDATの誕生
1-4　著作権保護技術てんこ盛りのDVD。
　　　それでも破られたのはなぜ?
1-5　メーカーとコンテンツホルダーの憂鬱
1-6　デジタル放送
　　　～なぜB-CASカードが必要か
1-7　HDTVから4Kへ
　　　～ Blu-ray Disc（ブルーレイディスク）の登場
第2章　通信編
2-1　アナログからデジタルへ
　　　～通信方式の変遷とプライバシー保護
2-2　インターネットの安全性を確保する
2-3　デジタルでも盗聴された警察無線!
2-4　鍵がないと動かない自動車のはずだが
第3章　コードとカード編
3-1　鍵がないと動かないプログラム
3-2　ポーと秘密インク
　　　～見えないバーコード
3-3　書かれていないのに価格のわかるバーコードの謎
3-4　価格表に隠された秘密（隠された原価）
3-5　磁気で書かれた情報
　　　～ クレジットカードとキャッシュカード
3-6　なぜテレホンカードは変造されたのか
3-7　半導体がカードを守る
　　　～ICカードの登場

# 電子時代のサイバー暗号

　従来の暗号技術は第三者、盗聴者に対する情報の秘匿技術であったこと、また過去における情報秘匿のための技術がどのようなものであったかは、前章までで既におわかりいただけたかと思う。

　現代のエレクトロニクス時代には情報の形態が多様化し、そのための秘匿の意義も変わってきた。

　通信や情報の記憶メディアは紙から磁気記憶方式、光記憶方式へと広がり、通信方法や情報の記録方法にはデジタル技術が利用されるようになった。

　また情報形態の多様化に伴い、その保護に対しても様々な対策が求められている。

▼情報の形態の多様化と求められる技術

| | |
|---|---|
| 磁気記憶情報（切符、定期券、キャッシュカードなど）の第三者との共有 | 暗号化による改ざん防止技術 |
| 電子記憶方式（交通系ICカード、銀行系ICカード） | 暗号化により第三者による読取り、改ざん防止技術 |
| 特定契約者のみへの情報提供（有料衛星放送） | 認証技術、盗視聴防止技術（動画スクランブル化） |
| デジタル著作物の著作権保護 | コピー防止技術、電子透かし |
| デジタル著作物の著作権明示 | 電子透かし |
| スマートフォン、電子メール、電子商取引（EC）の個人認証 | 認証技術 |
| PCのデータ保護、電子メールの保護、電子マネー、仮想通貨 | 暗号化技術、改ざん防止技術 |

▼各種データ記憶、読み取り方式とメディア

| | |
|---|---|
| 磁気記憶方式 | 磁気ストライプ（磁気カード）、磁気テープ（MT）<br>フロッピーディスク（FD）、ハードディスクドライブ（HDD） |
| 光磁気記憶方式 | MO |
| 光学読み取り方式 | バーコード、QRコード |
| レーザー読み取り方式 | CD（Compact Disc）- CD-ROM、CD-R など<br>DVD（Digital Versatile Disc）- DVD-ROM、DVD-R など<br>Blu-ray　Disc（BD、ブルーレイ）- BD-ROM、BD-R など |
| 半導体メモリ方式 | メモリ（ROM、RAM）、USBメモリ<br>メモリカード - SDカード（TFカード）、コンパクト・フラッシュ・カード（CF） |
| ICカード方式 | ICカード（接触型、非接触型、共用型）B-CASカード、SIMカード |

ハードディスク装置などの記憶装置の総称をストレージ（storage）と呼ぶ。

　この部では一般社会に溶け込んでいる秘匿、コピー防止技術などを集めてみた。

　ここでは直接的に暗号とは言えない技術も含まれているが、隠された技術などを改めて見ることにより、今後の暗号を考える上で参考になることもあると思う。

# 第1章
# ハイパー・プロテクト　AV編

## 1-1 コピーすると画像が乱れる ビデオテープの謎
### ハイパー・プロテクト　AV編

　ブルーレイ・DVDレコーダの登場はその利便性、高画質などから、あっと言う間にビデオテープデッキを駆逐してしまった。アナログ時代のコンテンツ保護技術は、既に過去のものとなってしまったように思われるかもしれない。しかし、DVDプレーヤーなどのRCAピンによる出力や、DVI-Iインターフェースはアナログ出力に対応しており、これらからデジタルコンテンツの映像信号がアナログで出力される場合には、ここで紹介するコンテンツ保護技術が採用され、現在も生き延びているのだ。

　市販のビデオコンテンツやレンタルビデオは、このビデオテープをダビング（コピー）して再生してみると、画像が乱れて正常に録画されないようにプロテクトが掛けられていた。

　また、BS/CS衛星放送の有料チャンネルPPV（Pay-Par-View）の一部の番組などでもお金を払って見ることはできるものの、これをビデオに録画すると画像が乱れてしまうため、録画して再度楽しむといったことができない。

　これらにはコピーガード・プロテクションが施されているためだ。

　コピーガード・プロテクションは、ダビング防止のためのコピーガード信号が画像信号に挿入されているため、ビデオでのダビングができなくなるのだ。また、多く利用されているコピーガード方式には米国マクロビジョン社が特許を持っている方式が利用されている。このことから、このコピーガード信号のことをマクロビジョン信号とも呼ぶ。

　このマクロビジョン方式の他、垂直同期という信号を、テレビで見られる程度にパルスを小さくしてしまう方法もある。録画すると画面が上下に流れてしまうといったものだ。

日米で採用されていたアナログテレビ方式には、NTSCという規格が採用されていた（ヨーロッパはPAL）。この方式では一枚の画像を構成する525本の走査線（水平の線）を偶数ライン、奇数ラインに分けて交互に書き換えている。偶数ライン、奇数ラインをそれぞれ「フィールド」と呼び、一枚の画像は2フィールドで構成され「1フレーム」と言う。この偶数ライン、奇数ラインを交互に走査する方式を「インターレース方式（飛び越し走査）」と言う。

　アナログテレビ放送では1秒間に30フレーム表示されており、目の残像現象でこれを動画としてとらえているのだ。

▼アナログテレビのインターレース（飛び越し走査）

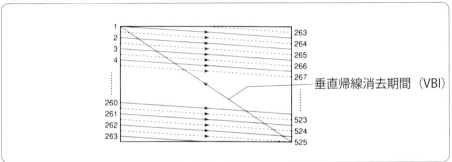

▼ NTSC の同期信号

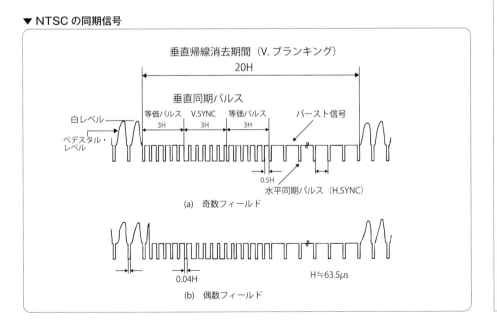

各ラインを描き終わった後、ラインを左上の次の描画開始位置に移動するために、画面に線が表示されない期間がある。コピーガード信号はこの垂直帰線消去期間(Vertical Blanking Interval(VBI):垂直ブランキング)と呼ばれる画像信号の間にあるバースト信号に、規定を超えた大きなパルス状の信号を挿入しているのだ。このような著作権保護技術はコピー世代管理システム-アナログ(CGMS-A:Copy Generation Management System - Analog)と呼ばれる。

コピーガード信号が入っている画面では、アナログテレビ画面の垂直同期(V-Sync)をずらして黒い太いラインが見えるようにしたときに、黒いラインの中に点滅する白いコピーガード信号を見ることができる。

一方、家庭用ビデオは自動的に画像の明暗をコントロールするAGC回路が組み込まれている。どんなビデオでも白のレベルが強すぎると画像がオーバー変調となり、表示に異常をきたす。AGC回路は録画時にこのような信号を自動的に適正なレベルに調整する働きがある。

ところが画像の間に規定外の大きな信号が入ることにより録画時にこのAGC回路が働くのだがこの機能を瞬時にオンオフできない。実際のAGCの動作には多少の遅れが生じるため画像表示期間にAGCのレベル切り替えを大幅におこなってしまうことになり画像表示が乱れてしまうという現象が起きてしまうのだ。

▼アナログ信号のスクランブル信号例

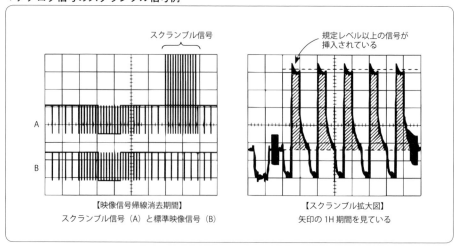

【映像信号帰線消去期間】
スクランブル信号(A)と標準映像信号(B)

【スクランブル拡大図】
矢印の1H期間を見ている

現在はコンテンツのソースであるデジタル信号をアナログに変換して、保護用の信号を付加することになるが、ここに特定のコードを入れ、レコーダー側でこの信

号を見つけるとコピーを禁止するといった方法もある。CGMS-D (Copy Generation Management System - Digital) と呼ばれるデジタルによる保護機能だ。

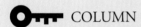

## COLUMN

**コピーガード信号の弊害**

CGMS-A による映像信号に規定外のコピーガード信号が入っていると、衛星チューナーやビデオデッキとテレビの間に、AV アンプや AV セレクターなどを接続しただけで画質が劣化することもある。これは AV アンプや AV セレクターなどに、規定以上の大きな信号が入るための影響だ。

また、ビデオのチューナーを経由してテレビに表示した場合に、不都合が発生するケースもある。このように NTSC 規格を無視した仕様には問題が多い。

ビデオデッキ自身に著作権保護に対する対策がおこなわれていなかったことは、ビデオデッキが登場した頃の著作権に対する意識が薄かったことがあったのだろう。

AV アンプや AV セレクターなどを使う際にどうも画像が乱れるという場合には、市販されているコピーガードキャンセラーを利用すれば回避できるだろう。海外ではイメージスタビライザ (image stabilizer) などと呼ばれているが、動作原理はいたって簡単である。

その多くには TV 用に生産されている垂直同期信号検出 IC で垂直同期信号を検出し、このブランキング期間の信号を擬似的に作り、マクロビジョン信号と入れ替えてしまうといった方法だ。

ただし、すべてのコピーガード・プロテクション解除装置は平成 24 年の著作権法改正により『私的使用目的であっても、技術的保護手段の回避により可能となった複製を、その事実を知りながらおこなう場合には複製権侵害』となり、違法となった。

# 1-2 コピープロテクトがCDドライブを破壊する!? ～コピーコントロールCDの闇
**ハイパー・プロテクト　AV編**

1982年に登場した通称コンパクトディスク(以下、音楽CD)[*1]は従来のLPレコード(30cm)と比較して小さく(12cm)取り扱いが楽で、裏表をひっくり返す手間が不要といった利便性、そしてダイナミックレンジの広さや周波数特性の良さといった音の良さから急激に普及し、あっと言う間に従来のアナログレコードを駆逐していった。

90年代、パソコン用ハードディスクの容量が100MB程度の頃、パソコン用のCD-ROMドライブ（640MB）が普及し始め、90年台後半になると書き込みが可能なCD-Rドライブが登場し、ハードディスクは数GBクラスに。そして、90年代末にはMP3エンコーダの登場と、デコーダのソースコードの無償配布が始まった。音楽CDをMP3で圧縮すれば多少の音の劣化はあるものの、データは1/10程度の容量になり、パソコンに保存できるようになったのだ。

　一方、音楽CDアルバム生産量は1998年をピークに、減少の一途を辿り始めていた。ユーザーの音楽視聴形態はMDプレーヤーからデジタルオーディオプレーヤーへと変化を始めている時期でもあったが、音楽業界からは「違法コピーによってCDの売上げが減少している」と言う主張がおこなわれるようになる。

　そんな中、突然登場したのがコピーコントロールCD（CCCD）だ。2002年3月エイベックスを皮切りに日本国内にもCCCDが登場する。

　これは旧来の音楽CDプレーヤーでは問題なく再生できるものの、パソコン用のCDドライブの場合には音楽をデジタルのまま取り出せないようにする仕組みだ。しかし、このコピーコントロールCDは著作権保護技術（DRM）と呼べるものではなかった。


　コピーコントロールCDで代表的なCDS（Cactus Data Shield）は、TiVo Corporationが現在所有しているイスラエルの会社Midbar Technologies[2]によって開発された。実はTivoの前身は、アナログビデオプロテクトのMacrovisionなのである。

　音楽CDはディスクを読み込み始める内側に、TOC（Table Of Contents）と呼ばれる楽曲の開始位置や演奏時間データなどが記録され、その外側に向かってドーナッツ状に音楽データが記録されている。


　CDSディスクには、通常のトラック（オーディオセッション）の後に第2のデータセッションとして、低品質なMP3データとWindows用の再生ソフトが保存されている。音楽CDでは最初のオーディオセッションに記録されたオーディオデータが再生されるのだが、再生機器がコピー保護に引っかかった場合には第2セッションのMP3にアクセスするように細工されている。

　このような二重構造にする弊害は本来のオーディオデータの領域が1割弱縮小されてしまうことで、楽曲が収まりきらない場合には、本来のオーディオデータも圧縮しなくてはならなく、音質劣化の原因となってしまう。

CDSディスクは基本的に誤ったディスクナビゲーションと、データの破損の2つのコンポーネントに依存する。

　上で紹介したTOCにオーディオセッションから第2データセッションへ重複エントリを追加したり、1曲めの開始位置に存在しない「-1」といったデータを書き込む。また、音楽データのあちこちを誤ったデータで置換する。

　専用の音楽CDプレーヤーであれば修正できない欠落した情報は、補間され再生することがでる。しかし、パソコン用のCD-ROMドライブでは、オーディオデータにエラーがあると再読込を数回リトライすることになる。存在しないエントリーが書かれていた場合には、ディスクの上を行ったり来たりすることになり、想定外のリトライはハードウエアに過剰なストレスを与えることになる。CCCDを再生したときの異音を公開しているブログもあった。

　CCCDを再生できたとしても、誤りデータの「符号誤り訂正」や「致命的読み込みエラー」は音質に影響を与えることになる。

▼ CD-DA、CCCD のデータ概念図

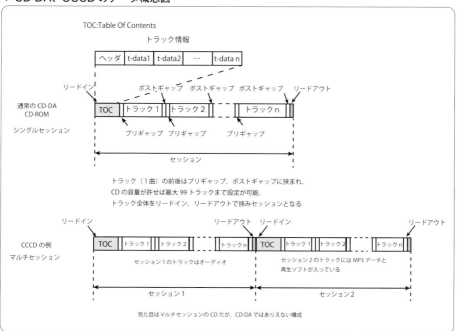

2005年10月、ソニーBMGはXCP(Extended Copy Protection)というコピーコントロールを採用したのだが、これが大きな問題と認識されるようになった。このCDをパソコンのCD-ROMドライブで再生すると、エンドユーザーライセンス契約が表示され、同意するとMediaMaxというソフトウェアがインストールされる。これによりパソコンのCD-ROMドライブから音楽データをリッピング[*3]しようとすると、MediaMaxはCD-ROMドライブのドライバソフトを乗っ取り、データの読み込みを禁止する。これによりパソコンでの音楽再生は可能だが、CDのコピーはできなくなるといったものだ。つまり、ユーザーのパソコン自体にDRM機能を持たせるということになる。

　さて、ここで問題になったのがMediaMaxが自身のソフトを隠蔽する「rootkit[*4]に類似した技術」により作られていたことだ。同意書で「いいえ」をクリックしてもインストールされ、一度インストールすると簡単には削除することができない。CDを聴くと、常にユーザーのコンピュータ情報が送信されていた。ただそれだけでは済まなかった。このソフトに潜在的なセキュリティの脆弱性が存在していたことがわかったのだ。11月には、このCDコピー防止手法を悪用した「Troj/Stinx-E」と名付けられた新種のトロイの木馬が探知された。

　CD-DAのディスクの書き込みフォーマットやCDドライブの仕様は、レッドブック[*5]によって詳細が規定されている。コピーコントロールCDの書き込み方法がレッドブックから逸脱した方法で書かれていることは根本的な問題であった。このようなCDはCD-DAとは呼べず、あらゆるオーディオ用CD再生機器での再生が保証されない。CCCDのリーフレットには『一部の機種では再生に不都合が生じる場合があります』といったことが書かれている。返品は保証されない、まったく購入者を馬鹿にした話であった。

　また、各オーディオ機器メーカーも「オーディオ用CD再生機器(DVD再生機器を含む)は、CD規格(コンパクトディスク・デジタル・オーディオ)に準拠していない「コピーコントロールCD」などについて動作や音質を保証できません。(SHARP)」といったことを宣言していた。

　このCCCDは多くの訴訟に発展し、レコード会社各社によるCCCDの採用は収束へと向かうことになった。

エイベックス社はCDが売れないのは違法コピーによるものと強く主張していたが、2005年以降ライブの売上がCD売上を大きく上回るようになっている。ネット配信サービスの利用増加も見られ、音楽は「メディアを買う」から「配信データを買う」、「ライブを体験する」ものへと変化していた。CDが売れなくなった要因を単に「違法コピーによるもの」と主張するには根拠が乏しかったように感じる。

*1 コンパクトディスク：CD-DA（Compact Disc Digital Audio）音楽用CD。通称 コンパクトディスク、CDなど。
*2 Midbar特許の「ディスク著作権侵害の防止」"Prevention of disk piracy"　米国特許第6,425,098号
*3 リッピング：デジタルデータを、そっくりそのままの形、またはイメージファイルとしてパソコンに取り込むか、パソコンで扱いやすいデータの形に変換して、ファイルにすること。
*4 ルートキット（rootkit）：ルートキットとはソフトウェア・ツールをインストールし、管理ツールやセキュリティ・ソフトウェアから隠ぺいするマルウェアなどで使用されている技術。
*5 レッドブック（Red Book）：CD-DAの仕様書の表紙が赤色だったことから、CD-DAの仕様書をレッドブックと呼ばれる。このほかCD-ROMはイエロー・ブック、CD-Iがグリーン・ブック、CD-R/RWはオレンジ・ブックなどの呼び方がある。

### 参考資料
- RIAJ 統計情報
  http://www.riaj.or.jp/f/data/index.html
- 音楽ソフト 種類別生産金額推移
  http://www.riaj.or.jp/g/data/annual/ms_m.html
- 一般社団法人日本レコード協会／貸レコード（CDレンタル）店数推移
  http://www.riaj.or.jp/f/leg/rental/
- 音楽産業（ソニー、エイベックス・グループ・ホールディングス、アミューズ、ＪＶＣケンウッド）
  https://media.rakuten-sec.net/articles/-/2850
- Are You Infected with Sony-BMG's Rootkit?
  https://www.eff.org/press/archives/2005/11/09
- Sony BMG Litigation Info
  https://www.eff.org/cases/sony-bmg-litigation-info

# 1-3 一世代までしかコピーできない録音テープの不思議 ～早すぎたDATの誕生

## ハイパー・プロテクト　AV編

　1987年、オープンテープデッキ、カセットテープデッキのデジタル化商品として、DAT（Digital Audio Tape-Recorder）が発表された。DATは磁気テープを使用しているものの、データはデジタルで記録される。

　このDATの登場に音楽ソフト業界は危機感を抱いた。CDの音楽データをデジタル to デジタルでダビングした場合、まったく劣化なしに録音のコピーが取れるDATは、CDの売り上げに大きく影響すると考えられたからだ。そのため初期のDATではCDプレーヤーのデジタル出力からの録音ができない、ユーザー不在のメーカー自主規制仕様での見切り発売となってしまった。

　その後、1989年7月にはオーディオ機器メーカーと音楽ソフト業界との合意ができ、新しい著作権保護技術であるシリアル・コピー・マネージメント・システム（SCMS）が提案、導入され、この後に誕生するMD（Mini Disk）にも採用されることになった。

　また、一世代に限りデジタル・コピーを可能とした代わりに、著作権料の保証金として報酬請求制度が導入された。この制度はDATデッキなどの卸し売り価格の2％、テープなどのメディアには3％が上乗せされている。この制度のため1992年に著作権法が改正され、1993年6月から運用が始まった。

　しかし、DATを取り囲む環境は、ミュージック・テープが販売されなかったことや「デジタルでダビングができない」ことが「CDからダビングができない」といった誤解、価格の高さ（普及すれば下がるのだが）、携帯性などから、爆発的な普及には至らず、音楽関係のプロや一部のマニア向けの製品となってしまった。これは業界の受け入れ環境や、事前のPRが十分できてから発売されたMD（Mini Disk）とは対照的状況といえる。


　ではシリアル・コピー・マネージメント・システム（SCMS）のしくみを見てみよう。

　DATには同期データ、IDデータ、そして音楽データ（左右の音と誤り訂正データを交互に）、サブコード・データが書き込まれる。

　DATのSCMSは録音の先頭のMAIN IDのID6に2ビットのコピー禁止フラグというデータが書き込まれている。コピー許可（00）、コピー禁止（10）、SCMSの導入で追加されたスペシャル・コード（11）を書き込む。

▼ DAT のコピーフラグ

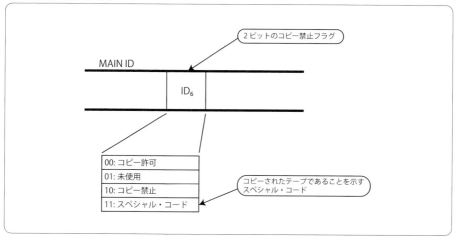

動作設定は以下のようになる。

## (1) デジタル・ソースからは1回だけデジタル・コピーが可能

　デジタル・ソースからの録音時に、コピー禁止フラグにはスペシャル・コードが書き込まれる。このコードが書かれたテープからのコピーに対しては、デジタル録音が禁止される。

## (2) アナログ・ソースからのコピーはそこからデジタル・コピーが1回だけ可能

　アナログ・ソースからの録音に対し、コピー禁止フラグにはコピー禁止コードが書き込まれる。このコピー禁止コードの書き込まれたテープをデジタル・コピーすると、コピー先にはコピー禁止コードがスペシャル・コードに書き換えられて記録される。このコードが書かれたテープからのコピーに対しては、デジタル録音が禁止される。

## (3) コピー許可が記録されているデジタル・ソースからは無制限にデジタル・コピーが可能

　コピー許可が記録されているデジタル・ソースからのコピーに対しては同じコードが書き込まれるため、デジタルでのコピーが無制限におこなうことができる。また、デジタルデータであるために、まったく音質などを損なう心配はない。しかし、このようなケースはほとんどないだろう。

▼ SCMSによるデジタルコピーの様子

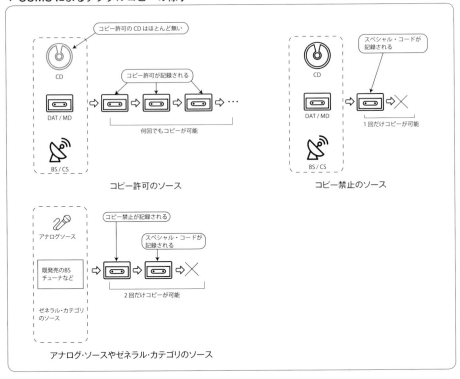

　これらの制御はDATに組み込まれたマイクロプロセッサ(MPU)によって制御されている。まさにデジタル機器ならではの手法と言える。このような著作権保護技術を「フラグ検出型」と呼ぶ。

　DATは結局、使い勝手の悪さや価格がこなれなかったことなどから大きく普及することはなく、1992年に登場した、光学ディスクで使い勝手の良い、ミニディスク(MD)が録音再機器の主流となった。

　MDのデータ構成はリンク・セクタ、サブデータ、圧縮された音楽データ(左チャネルと右チャネルが交互)で構成される。ただし、再生専用ではリンク・セクタがサブデータ・セクタになっており、録音用ディスクに完全に複写することはできないようになっている。また、SCMSについてはDATと同様の手法が用いられている。MDもまたDATがMDと世代交代したように、ソリッドオーディオプレーヤーへと交代してゆくことになる。

# 1-4 著作権保護技術てんこ盛りのDVD。それでも破られたのはなぜ?

**ハイパー・プロテクト　AV編**

　第2世代光ディスクとして登場することになったDVDの規格には、ハリウッドの映画会社の意見が数多く反映されている。DVDには映画1作品がディスクを裏返すことなくまるまる入ることや、劇場と同様の音響空間の再現が可能であることなどが求められた。著作権保護に関する対策が複数盛り込まれたことは言うまでもない。

　商業コンテンツのDVDビデオディスクに採用されているデジタル著作権管理（DRM）および暗号化システムによるアクセスコントロール技術のひとつが、コンテンツ・スクランブル・システム（Content Scramble System - CSS）だ。CSSではタイトル鍵、ディスク鍵、マスタ鍵の3種類の40ビット暗号鍵[1]が使用される。DVDビデオディスク作成時には以下のように暗号化される。

(1) タイトル鍵は著作権者が自由に設定する鍵で、コンテンツの暗号化に使用する。
(2) ディスク鍵も著作権者が自由に設定する鍵で、タイトル鍵を暗号化しディスク上のセクタヘッダ領域[2]に記録する。
(3) ディスク鍵はマスタ鍵で暗号化されたディスク鍵セットがディスクのリードイン領域[3]に記録する。
(4) 動画データ（MPEG-2）を適度なサイズに分割してパケット化したEPS（Packetized Elementary Stream）を連結し、先頭にパックヘッダ（pack_header）を付与してパック化する。このパックを連結したものがプログラムストリーム（MPEG-2 PS）となる。これをディスクに書き込むときに擬似ランダムビットストリーム（CSS暗号ストリーム）を生成し、排他的論理和演算によりすべてのパックのサブセットがタイトル鍵で暗号化される。

---

[1] 40ビット暗号鍵：米国では輸出可能な暗号プログラムの暗号鍵長は40ビットまでと制限されていた。98年末には56ビットに拡張された。
[2] セクタヘッダ領域：ディスク上を一周するデータをトラック。更にディスクを放射状に分割した領域をセクタと呼ぶ。そのセクタのデータの先頭になる領域。
[3] リードイン領域（lead-in）：セッション（複数のトラックのひとまとまりとなるデータ領域。プレスで作られる音楽CDやCD-ROMは原則、シングルセッション）の先頭の始まりを示す部分。終わりの部分はリードアウト（lead-out）と呼ばれる。マルチセッションでは、それぞれのセッションの前後にリードイン、リードアウトが存在し、リードアウトとリードインが隣り合う。

▼ CSS暗号化手順

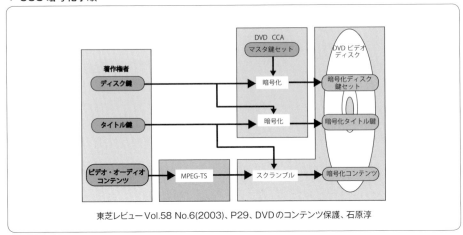

東芝レビューVol.58 No.6(2003)、P29、DVDのコンテンツ保護、石原淳

▼ CSS復号手順

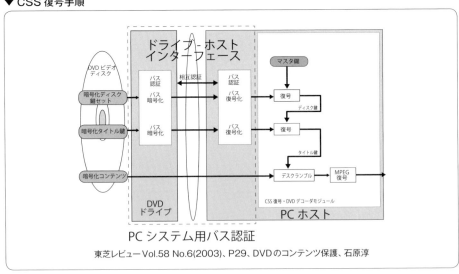

東芝レビューVol.58 No.6(2003)、P29、DVDのコンテンツ保護、石原淳

　パソコンで、暗号化されているDVDコンテンツを再生する時、DVDドライブから読み込まれたデータは、パソコンのインターフェースと相互認証をおこないながら受け渡しをおこなう。これは、この経路間でデータがリッピングされることを防ぐためだ。専用DVDプレーヤーではこのプロセスは無い。

　DVDが読み込まれると、再生ソフトの復号モジュールに暗号化して組み込まれたマスタ鍵を使い、ディスク鍵、タイトル鍵を復号する。タイトル鍵があれば圧縮された動画データの暗号を解除しながら再生することが可能となる。

アナログのビデオ信号出力には、ビデオテープデッキに使用されていたのと同じマクロビジョンのコピープロテクション技術が採用されている。

一方のデジタルモニタへの接続に使用されるHDMI端子にはHDCP（High-bandwidth Digital Content Protection）により、PCとデジタルモニタ間の信号を暗号化して、暗号化されていないデジタル信号の取り出しを禁止している。

2001年、カーネギーメロン大学のスコット・クロスビー（Scott Crosby）はHDCPの線形鍵交換が根本的な弱点であると示唆していたが、2010年9月、遂にこの鍵も破られてしまったため、4K対応のモニターにはHDCP ver.2.2が採用された。

さて、DVDには他にもプロテクション技術が採用されている。リジョーナル・コード（Regional code）つまり地域コードだ。

リジョーナル・コードは輸入CDのように、差益を利用した輸入を制限することも可能となる。

DVDのリジョーナル・コードは世界を6つのブロックに分けている。アメリカは1、日本は2に設定されている。DVDプレーヤーには販売されている地域のリジョーナル・コードが設定されており、再生時にDVDビデオの先頭の方に書き込まれたリジョーナル・コードと、DVDプレーヤー本体に設定されているコードを比較し、一致したときのみ再生が可能となるようになっている。

▼リジョーナル・コード分類

---

1: カナダ・合衆国および合衆国の管轄区域

2: 日本・ヨーロッパ・南アフリカ・中東（エジプトを含む）

3: 南アジア・東アジア（香港を含む）

4: オーストラリア・ニュージーランド・太平洋諸島・中央アメリカ・南アメリカ・カリブ海

5: ソビエト連邦・インド・アフリカ・北朝鮮・モンゴル

6: 中国

---

## ■ 深淵を覗き込んだ少年

CSSは1996年に導入され、1999年にノルウェーの16歳の少年ジョン・レック・ヨハンセン（Jon Lech Johansen）によってリリースされたDeCSSにより破られた。

16歳の少年に暗号が破られたと話題になったが、ジョンは操作画面（GUI）を作成し、キーとなる技術は匿名のドイツ人 The nomad により暗号解読アルゴリズムが解析

された。認証コードは The nomad がインターネット上の電子メーリングリストを通じてコードを取得していた。

　CSSは基礎となる暗号システムとキーの双方を秘密にしておく必要があった。非常に多くのDVDプレーヤーメーカーと何百万人ものDVDユーザーがいると、どこからか秘密が漏れるか、誰かがシステムをクラッキングする。そして、当時存在していなかったLinux用のDVDプレーヤーを作りたかったクラッカー達はソフトウェアプレーヤーに目を向けた。


　この著作権保護技術をクラックする助けとなったのは、Real Networksの子会社であるXing Technologies社のXingDVDというソフトウェアプレーヤーだった。XingDVDの開発者は、CSS復号鍵を暗号化するのを怠った。クラッカーはこの40ビットの鍵を、プログラムの中から平文で見つけることができたのだ。さらに他のプレーヤーで使用されている約170個の鍵を推測することができた。

　CSSは総当たり攻撃[*1]の影響を受け易いことがすぐに判明した。暗号化は40ビットで、当時のコンピュータで24時間、現在なら数秒以内で暗号を見つけることが可能なのである。

## ▌DVDに追加された著作権保護機能

　2000年に入るとDVDメディアに新しいコンテンツ保護技術が追加された。音楽パッケージメディアDVD-Audio用のCPPM（Content Protection for Prerecorded Media）と、DVD-R、DVD-RW、DVD-RAM、SDメモリカードなど記録メディアに採用されたCPRM（Content Protection for Recodable Media）だ。

　CPPM及びCPRMでは、共通鍵を用いたC2（Cryptomeria Cipher）と呼ばれる鍵長56ビットの64ビットブロック暗号が、コンテンツ及び鍵の暗号化に使用される。

　では、CPPM対応メディアを見てみよう。ディスクの中心寄り、リードイン領域（管理領域）にアルバムID、そしてメディア鍵領域MKB（Media Key Block）にメディア鍵が記録されている。共通鍵となるデバイスキー（アルバム制作側がライセンスされたキー）によりメディア鍵の暗号化がおこなわれ、更にアルバムIDで暗号処理することでオーディオコンテンツを暗号化する。これらを元にDVD-Audioを作成する。再生する時には再生時にはDVDにドライブが持つデバイス鍵（共通鍵）とメディア鍵、アルバムIDにより復号化キーを作成し、オーディオ再生をおこなう。

---

*1 総当たり攻撃（brute-force attack）：可能な組合せをすべて試すやり方。力任せ攻撃

実はディスクのMKB領域に保存されているメディア鍵にも一工夫ある。
　コンテンツの暗号化に用いるメディア鍵はデバイス鍵を一要素とする行列(デバイス鍵行列)を設定し、デバイス鍵行列の各列から1つずつ選択した複数のデバイス鍵(デバイス鍵セット)を取り出して使用する。
メディア鍵をデバイス鍵行列の各要素(デバイス鍵)で暗号化して、メディア鍵領域(MKB)に記録されているのだ。

▼ CPPMによるDVD-Audioの暗号化と復号化

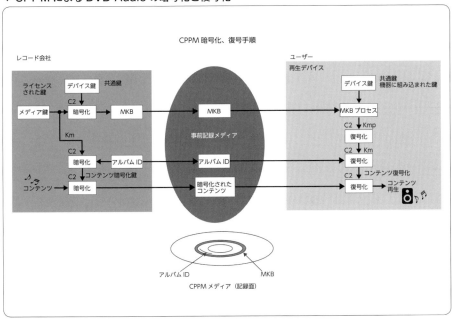

　一方のCPRMではCPRM対応のDVD記録メディアが用いられる。このディスクの中心寄り、リードイン領域(管理領域)には固有のメディアID、そしてメディア鍵領域MKB(Media Key Block)には固有のメディア鍵が事前に記録されている。
　DVDドライブが持つデバイス鍵によりメディア鍵を暗号化し、更にメディアIDで暗号化をおこなった鍵で、DVDドライブで自動生成されるタイトル鍵によりコンテンツの暗号鍵が作られる。暗号化されたタイトル鍵と暗号化したコンテンツをDVDに書き込む。
　復号の時にはこの4種類(デバイス鍵、メディア鍵、メディアID、暗号化されたタイトル鍵)を使いコンテンツ復号鍵を生成する。

## ▼ CPRM による DVD の暗号化と復号化

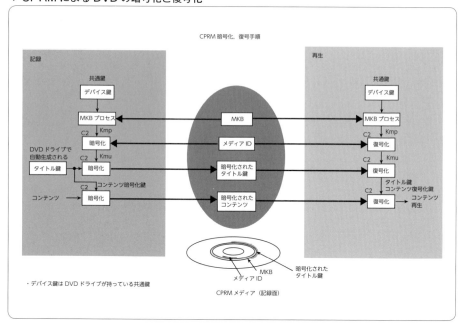

　この様にして作られたDVDディスク、CPRMディスクをコピーするとどうなるだろうか。残念なことにメディアIDとMKBは読み込むことはできても同じディスクの領域に書くことはできない。暗号化されたタイトル鍵とコンテンツのコピーはできても、肝心のメディアIDやMKBには元のディスクと異なる値が記録されてるため、暗号の解読に失敗することになる。MKBを持たないDVDに記録しても同様の結果となるわけだ。

　では、DVD-Audioをコピーした場合はどうだろう。この場合もMKBとアルバムIDの複製ができずに再生に失敗することになる。

#### 参考資料
- Intel: Leaked HDCP copy protection code is legit
  https://www。cnet。com/news/intel-leaked-hdcp-copy-protection-code-is-legit/
- Cryptography in Home Entertainment
  http://www.math.ucsd.edu/~crypto/Projects/MarkBarry/
- "A Cryptanalysis of the High-bandwidth Digital Content Protection System"
  Scott Crosby of Carnegie Mellon University wrote a paper with Ian Goldberg、Robert Johnson、Dawn Song、and David Wagner
- 東芝レビュー Vol.58No.6（2003）、DVD のコンテンツ保護、石原　淳
- 映像情報メディア学会誌 Vol.59、No.10（2005）P42-27、記録メディアにおけるコンテンツ保護技術、中野稔久、原田俊治、宮崎雅也

# 1-5 メーカーとコンテンツホルダーの憂鬱

**ハイパー・プロテクト　AV編**

## ■ AVコネクションIEEE1394とDTCP

　パソコンをはじめデジタルAV機器などを、相互にケーブルで接続できるようにしようというのがIEEE1394[*1]だ。細いケーブル1本で、デジタル機器とのデータ交換や制御をおこなうことが可能となるオープンな仕様の高速シリアルインターフェースで、1995年にIEEE 1394-1995として標準化された。

　IEEE1394は当初、AppleがFirewireという名称で開発していたが、AV機器などに組み込まれる時にはDV端子、i.Link（ソニー）、Firewire（Apple）とそれぞれ異なった名前で製品に組み込まれた。

　これらの詳細な仕様は電源供給の有無、信号が双方向通信か一方向か、コネクタの仕様などの違いがある。


　IEEE1394はパソコンを中心としたデータ交換用シリアル通信の規格として策定されたもので、コンテンツ保護機能は用意されていなかった。ここで問題になったのがデジタル・コンテンツのコピー問題だ。家電業界、パソコン業界、映画業界などがコピー防止を検討する団体CPTWG（Copy Protection Technical Working Group）を結成している。

　ここの下部組織DTDG（Digital Transmission Discussion Group）ではデジタル・データ転送時のコンテンツ保護技術を検討しているほか、DHSG（Data Hiding Sub Group）では電子透かし技術の利用法などを検討している。


　コンテンツホルダー側はあくまでもコピーについては一切認めたくない。一方、機器製造メーカー側にとっては、ある程度のコピーが認められないと製品や記録メディアが売れない。それ以前に、商品そのものが成り立たないという事情もある。また、コピー防止機能の開発にも余分な経費や時間、場合によってはライセンス料金などが発生してしまう。デジタル接続のできないデジタル機器ほど魅力のないものはない。しかし、コンテンツホルダーとの合意が取れなければ、デジタル録画機器はDATの二の舞になってしまう。

このようなことから、家電業界ではコンテンツホルダーの納得のできるコンテンツ保護技術の導入を検討した。

　CPTWGが次世代インターフェースIEEE1394に関するコンテンツ保護技術を公募した時点では8種類の公募があった。家電機器への組込みを意識した国内メーカー4社は、ハードウエアに負荷のかけない共通鍵暗号を使用した方式を提案した。商用目的のコピー行為を防止するのではなく、悪意のない一般ユーザーに対してコピーを抑止できれば良く、単純な方法で良いと考えていた。

　一方、共通鍵暗号の危険性をあやぶむ米国メーカーは、公開鍵暗号を使用した方式を提案したため、図らずも日米対立の構図となってしまった。日米対立が膠着状態に陥ると思われていたが、東芝がことの回避とパソコンメーカーでもあったことから、CPUメーカーIntelと対立するのは得策ではないという判断などから共通鍵方式を断念し、Intelとの共同提案へと方針を変えた。

　1998年に入り日本メーカーはIntel、東芝共同案との折衷案で解決する方針になり、最終的には3種類の提案が98年2月にCPTWGに提案された。規格が決まらないことには製品を出せなくなるというメーカーの考えも働いたようだ。結果的には東芝、松下電器産業、ソニー、日立製作所とIntel(5C)による提案に向かうことになった。これがDTCP（Digital Transmission Content Protection）だ。

▼ IEEE1394の通信にDTCPで暗号化したデータが送られる

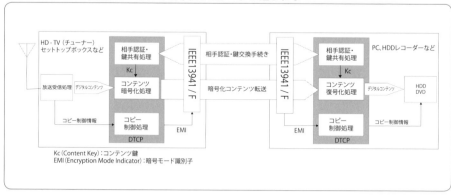

▼ AKE 手順

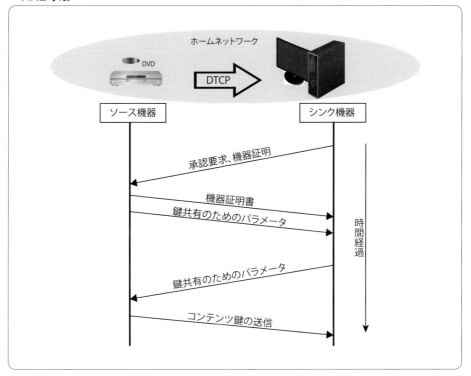

　DTCPではまず認証および鍵共有のための手順、AKE（Authentication and Key Exchange）が定められた。

① 接続した機器の認証：DTCPに対応しているか、相互にDSA（Digital Signature Algorithm）方式で認証をおこない、「Diffie-Hellman（DH）鍵交換方式」で認証鍵の交換をおこなう。認証のためにDTLA（Digital Transmission Licensing Administrator）の署名を持っている。
② 伝送データを暗号化する：コンテンツデータを暗号化して伝送する。
③ コンテンツとともにコピー管理情報（CCI：Copy Control Information）を伝送する。
④ 認証が正常におこなわれなかった接続先はシステムから切断する。

　この情報を伝送するためにSRM（System Renewability Message：システム更新メッセージ）が定められ、SRMが示す機器を認証時に排除する。

コピー管理の基本動作はDATなどに採用されている、SCMS（シリアルコピーマネージメント）と同じと考えて良い。

データヘッダ部のEMI（Encryption Mode Indicator：暗号モード指示）領域に2ビットのCCI（Copy Control Information）、コピー管理情報を埋め込む。ここには4種類をコード化して記録する。

▼暗号モード指示（EMI）

|  | EMIの値 | 内容 | 認証方式 |
|---|---|---|---|
| (1) | 11 | コピー不可：Copy-never | 完全認証 |
| (2) | 10 | 1世代コピー可：Copy-one-generation | 完全または制限認証 |
| (3) | 01 | これ以上のコピーを認めない：No-more-copies（1世代コピー可のコンテンツを記録するとノーモアコピーになる） | 完全または制限認証 |
| (4) | 00 | コピー制限なし：Copy-free | 認証しない。暗号化なし |

コンテンツの提供者はこれらの中からいずれかを選択して、これに対応したコードをコンテンツに付加する。

コピーが可能な(2)と(4)は暗号化しないでそのままデータを送り出す。ユーザーが撮影した動画データなどがこれに含まれる。しかし、コピーが禁止される(1)と(3)についてはデータの暗号化が必要となる。

データの送り出しをおこなう前には、受信側の機器がコピー防止機能が備えられているかの認証をおこなう。送受両方の機器が公開鍵を持っている場合には、完全認証（Full Authenticatin）が成立する。完全認証ではコピーの禁止されているコンテンツのデータ転送を認められるが、その他の場合には制限付き認証（Restricted Authenticatin）となり、コピーの禁止されたコンテンツは送信されない。

記憶装置を持たない機器での暗号化には公開鍵（DSA）方式を使用し、デジタル・ビデオには共通鍵を組み込み、データの記録を制限する。完全認証後にはリアルタイムにコンテンツの暗号化がおこなわれる。この暗号化のアルゴリズムには日立製作所が開発した、暗号化、復号化処理が高速な64bitブロック暗号のMULTI6[2]が採用されている。

---

*1 IEEE（アイトリプルイー）：IEEEは通信、情報技術など電子技術の米国の学会で国際標準規格の策定をおこなっている。策定中のもと合わせて現在1800件の標準規格を持っている。

*2 MULTI6：日立製作所の作成した暗号、MULTI2はアルゴリズムが公開されているが、他のMULTI暗号のアルゴリズムは公開されていない。

認証後に送り側（ソース機器）と受信側（シンク機器）とで共有した認証鍵により、52bitのコンテンツ鍵を生成する。コンテンツ鍵はCCIにより異なり、時間と共に変化する時変鍵となっている。これにより暗号強度を高めている。

## 家中どこでもAVネット

DTCPはDTCP-IPへと更なる発展を遂げた。家庭内ネットワーク（LAN）への対応だ。LANの通信プロトコルTCP-IPへ対応することで、家庭内でLANに接続したパソコンや、Wi-Fi接続でスマホ、タブレットなどでもDTCP-IPに対応したハードディスクレコーダーに録画した動画を見たりできるようになった。

DTCP-IPではオープンな仕様のLANに、データをパケットと呼ぶ単位で送る。そこため、認証は完全認証として、伝送時にはデータを常に暗号化することになった。このパケットをPCP（Protected Content Packet：保護されたコンテンツパック）と呼ぶ。暗号化のアルゴリズムには共通鍵暗号で鍵サイズが128bitのAES（AES-128）が採用された。

AKE（認証及び鍵共有）の手順はDHCPと変わらないが、CCIはこのPCPのヘッダ部4bitのE-EMI（Extended Encryption Mode Indicator）領域に保存される。4bit化することでCCIは以下のように拡張された。

▼ DTCP-IP の PCP 構造

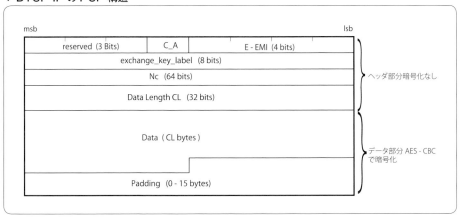

▼ DTCP-IP のコピー管理情報

| EMI | 暗号化モード | 意味 |
|---|---|---|
| 1100 | Mode A0 | コピー禁止（Copy Never） |
| 1010 | Mode B1 | 1 世代コピー可（Copy One Generation） |
| 1000 | Mode B0 | 1 世代コピー可（Copy One Generation） |
| 0110 | Mode C1 | コンテンツ移動中（Move） |
| 0100 | Mode C0 | 再コピー禁止（No More Copies） |
| 0010 | Mode D0 | 暗号化は行うが制限無しにコピー可（EPN） |
| 0000 | 暗号化なし | 制限なしにコピー可（Copy Free） |

　DTCP-IPでは伝送にLANを使用していることからTTL（Time to Live[1]）と往復遅延時間（RTT：Round Trip Time[2]）による制限をおこない、パケットが家庭内から外へと送信されてしまうことを防いでいる。

---

*1 TTL（Time to Live）：パケットが永遠にネット上に存在することがないように、IPアドレスによる通信可能な範囲を設定する。
*2 往復遅延時間（Round-Trip Time：RTT）：

参考資料
- 東芝レビュー Vol.58 No.6 、p.36〜39（2003）　AVネットワークのコンテンツ保護　小久保　隆、奥山　武彦
- 映像情報メディア学会誌 Vol.56、No.9 、p.1464〜1466（2002）ビジネス最前線 DTCPとは？　相川　慎
- DTCP Volume 1 Supplement E Mapping DTCP to IP Revision 1.4 ED3（Informational Version）、DTLA
- DTCP2 Presentation to CPTWG January 27、2016 、DTLA
- 総務省：情報通信統計データベース
  http://www.soumu.go.jp/johotsusintokei/field/index.html
- 情報通信から見た放送　12/21/2005 NTT　岸上　順一
  www.soumu.go.jp/main_sosiki/joho_tsusin/policyreports/.../051221_2_4_4_3.pdf
- ATSC Standard : System Renewability Message Transport
  https://www.atsc.org/wp-content/uploads/2015/03/System-Renewability-Message-Transport.pdf

# 1-6 デジタル放送 ～なぜB-CASカードが必要か

**ハイパー・プロテクト　AV編**

## ■ デジタル放送システムの仕組み

　電波の有効利用という名目でアナログ放送からデジタル放送への移行が決まり、2003年10月から地上デジタルテレビ放送（High Definition Television：HDTV[1]、高精細度テレビジョン放送）を開始。2012年3月にアナログ放送が59年の歴史に幕を閉じた。

　デジタル放送で採用された限定受信システム（CAS：Conditional Access System）は元々、BSデジタル放送用システムとしてスタートしたという経緯があり、これが地上波デジタル放送にもそのまま流用された形だ。ARIB限定受信方式とも呼ばれる。ではこの仕組を見ていこう。

① コンテンツ（映像、音声、データ）は、第3世代光ディスク（Blu-ray Discなど）にも採用されている動画圧縮方式、MPEG-2TS（トランスポート・ストリーム）に変換される。これはデータのエラー検出、訂正機能を持った放送配信に適した動画圧縮方式だ。放送では同時に、資格管理メッセージ（EMM：Entitlement Management Messages）、資格制御メッセージ（ECM：Entitlement Control Message）が送信され多重化されている。

② マスター鍵とワーク鍵、契約情報を暗号化してEMMを作成する。

③ ワーク鍵とスクランブル鍵、番組の属性情報（有料、無料など）を暗号化してECMを作成する。

④ スクランブル鍵でトランスポートストリームの暗号化をおこなう。スクランブル鍵は1秒程度の頻度で更新される。

▼デジタル放送での限定受信システム

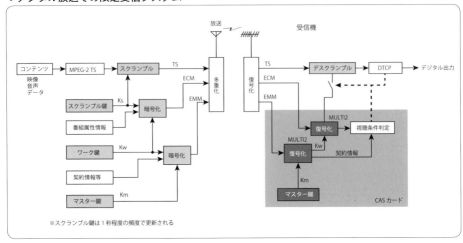

これらの暗号化には日立製作所が開発した、MULTI2が用いられている。ブロック長は64ビットと少なく、既に過去の暗号と言えるかもしれない。

## 受信側にはB-CASカードが必要となる

① B-CAS-カードに書き込まれているマスター鍵（カード固有）を使用しEMMの復号化をおこない、ワーク鍵（Kw）と契約情報等を取り出す。
② 取り出したワーク鍵を使い、ECMからスクランブル鍵（Ks）と番組の属性情報を取り出す。
③ スクランブル鍵と契約情報、番組属性情報によりトランスポート・ストリームのスクランブル解除をおこなう。（無料放送であっても暗号化されて放送がおこなわれている。）

このほかEMMは特定のB-CASカードIDに記録された、契約情報を書き換えることができる。

以上はアクセスコントロールだが、コンテンツ保護機能としてコピーワンス[*2]が採用されていた。しかし1回のコピーのみでは失敗した場合など、心もとないということで緩和され、無料の放送にはダビング10[*3]が採用された。

2012年5月、B-CASカードのデータを書き換えて、デジタル放送の視聴制限を解除するソフトウェアがネットに拡散された。受信契約なしに有料放送の視聴が可能

になってしまったのだ。そもそも、ICカードが使用されていること自体がセキュリティの穴になるのではないかということは想像されていた。

　B-CASカードには1週間、有料チャネルが視聴できる機能があった。本来なら受信契約登録後に受信して登録されるワーク鍵が、暗号化されず平文で書き込まれていたのだ。また、契約者情報も任意に書き換えられる状態であった。B-CASカードの運用には完全に穴があったのだ。


　このようにして見つかったバックドアから吸い出されたファームウェアを解析され、変造CASカードを作られてしまったという先例が起きたことから、4K/8K放送では新CASチップ（ACASチップ："Advanced"CASチップ）によるアクセスコントロールをおこなうことに決まった。本放送は地デジ同様に、データのスクランブルをおこなって放送される。アクセスコントロールをチップ化することにより、B-CASカードを書き換えるように簡単にはハッキングできなくなるだろうという考えだ。それでもこの代替チップが商売になるとなれば、どこかでチップのスライスなどによる解析をおこない、代替チップが作られブラックマーケットに流れてしまうかもしれない。

　また、FPGAやマイクロプロセッサなどを使用して、代替ハードウェアを作ってしまう猛者が現れないとは言い切れない。なぜならそこに「暗号」があるからだ。

---

*1　HDTV：High-definition television 高精細度テレビ放送。　地上デジタル放送に準拠した解像度1920x1080ピクセルの動画

*2　コピーワンス（Copy Once）：DVDへのコピーが一度のみ可能で、コピーすると元のデータは削除されてしまう。いわゆるムーブとなる。

*3　ダビング10：9回まで1世代のみコピーが可能で、残りの1回はムーブとなる。DTCP（Digital Transmission Content Protection）を参考に、2008年7月から運用が開始された。

参考資料

• 一般社団法人日本CATV技術協会 標準規格・技術資料 JCTEA STD-001-2.3 デジタル有線テレビ放送　限定受信方式

• 東芝レビュー vol.55 No.12（2000）p26-29 デジタル放送に対応した限定受信システム 米谷　寿子、山下　幹雄、藤原　純一

# 1-7 HDTVから4Kへ
## ～Blu-ray Disc（ブルーレイディスク）の登場
**ハイパー・プロテクト　AV編**

　2003年、地上デジタル放送が始まった年に世界初のブルーレイディスクレコーダーがソニーから発売された。第3世代光ディスク、Blu-ray Disc（BD）の誕生だ。DVDと同じ120mmの光ディスクに、一般化しつつあった高画質なハイビジョン映像を記録できることを目指して開発された。

　一時はHD DVDと2つの規格が市場を二分するのかとハラハラさせられたが、2008年春にワーナー・ホーム・ビデオがBlu-ray Discに一本化する方針を決めたことが業界を大きく動かした。

　DVDより高画質な動画を記録できるメディアだけに、その著作権保護機能にはDVD以上のものが求められたのは当然の成りゆきであろう。2005年4月に発表されたのがAACS（Advanced Access Content System）だ。コピー管理の規定が未確定であったので、暫定合意で運用開始されることとなった。

▼ AACS ビデオビデオコンテンツの暗号化、復号手順

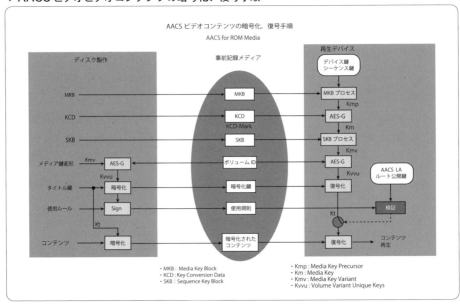

100

DVDとの大きな違いは暗号鍵に鍵長128ビットの共通鍵暗号アルゴリズムのAES（Advanced Encryption Standard）が採用され、暗号化が強化されたことだ。AESは当時のDES暗号に代わる最新の暗号である。

DVDと同様にメディア鍵領域（MKB）が設けられているが、更に256列で65,536行のシーケンス鍵領域（KCD：Key Conversion Data）が追加された。使い方はメディア鍵領域と同様である。

鍵変換データ（KCD：Key Conversion Data）を持ち、KCD-Markに8bit×16のデータが格納されている。

この様に暗号プロセスが増え、詳しい説明は省くがメディアキーブロック、シリアルキーブロックにより、暗号鍵流出時の鍵変更、流出鍵データの削除などに対応できる構造になっている。

また、音声にはCinaviaと呼ばれる電子透かしが組み込まれた。（2012年2月1日以降）

ビデオカメラでBLを再生し、それを撮影した場合、音声にCinaviaの電子透かしが一緒に録音される。これをBlu-rayレコーダーに読み込んだ場合、再生時にCinaviaの有無をチェックしコピーと判定されると、再生を始めて約20分後にメッセージが表示され、音声がミュートされてしまう。

4K*1時代に向けたBlu-ray Discの後継規格「Ultra HD Blu-ray（UHD BD）」も動き始めている。4K放送では画像面積がHDTVの4倍になってしまうが、動画の圧縮方法をHEVC*2とすることで、HDTVをMPEG-2*3で圧縮する時とほぼ変わらないサイズに収められる。著作権保護機能にはAACSの機能拡張をおこなった、AACS2.0が採用される。

特徴的なのは鍵なしディスクのサポートだ。発売前にディスクが外部に流出してネットに拡散することを防止できる。

鍵はインターネットを使用して取得する方法で、ネットワークに接続された機器で再生をおこなえば、機器内に鍵が格納される仕組みとなっている。

パソコン用のUltra HD Blu-ray対応のドライブも発売されたが、使用できるCPUはIntelのSoftware Guard Extensions（SGX）に対応している必要がある。このSGXによる機密性の高い保護機能内でAACS2.0の暗号処理をおこなうことになる。またディスプレイはHDMI2.0a、ホームネットワーク配信にはHDCP2.2への対応が必要となる。

現状パソコンでは対応可能なCPUは限られてしまうのだが、SGXに対するセキュリティホールが見つかっており、セキュリティバージョンには注意が必要になっている。

光ディスクにおいては新たな製品が登場しても後方互換性[*4]を保っている。このことは著作権保護機能においても同様の機能を持っているということだ。Ultra HD Blu-rayをパソコンのディスプレイで再生したいが、ディスプレイ側がHDMI 1.0までしかサポートされていない場合には、出力は自動的にHDTVになる。

▼エンコード別比較（MPEG-2 を 1 とした場合の比較）

| エンコード名 | データ量比較 | 論理負荷 | 用途 |
|---|---|---|---|
| MPEG-2 | 1 | 1 | DVD、地デジ、BS |
| H.264／MPEG-4 AVC | 0.5 | 2 | YouTube |
| H.265／HEVC | 0.25 | 20 | BD、4K放送 |

*1 4K：4K解像度のこと。4K は4,000を意味し、縦約4,000ピクセルのこと。横は約2,000ピクセルになることから4K2Kとも呼ばれる。HDTVは1920×1080ピクセルでアスペクト比（縦横比）16:9。4K放送では3840×2160ピクセルで縦横がHDTVの2倍（面積は 4 倍になるため、データ量もHDTVの 4 倍）となる。ビデオカメラのDCI 4K規格では4096×2160他、シネスコ、ビスタといったアスペクト比の異なる規格が存在する。
*2 H.265/HEVC：HEVC - High Efficiency Video Coding　高効率ビデオコーディング。　H.265は国際標準化の名称（正式名称は H.265(ISO/IEC 23008-2)）でHEVC は通称。圧縮率がMPEG-2の 4 倍と高い代わりに処理に掛かる負荷は大きい。
*3 MPEG-2：正式名称は H.222/H.262、ISO/IEC 13818 。2017年のドルビーデジタル（AC-3）に続き2018年 2 月13日MPEG-2のアメリカでの特許が消滅した。これによりこれらを扱ったアプリケーションソフトはライセンス料が不要になった。ただしフィリピン、マレーシアではまだ特許期間が残っている。
*4 後方互換：新しい製品が過去の製品と機能の互換性を保持していること。Blu-ray Disc ドライブは既存のDVDやCDの再生、記録機能をサポートしており、このようなケースを後方互換性と呼ぶ。

参考資料
- Advanced Access Content System（AACS）：Pre-recorded Video Book　Revision 0.91　February 17、2006
- Advanced Access Content System（AACS）：Blu-ray Disc Pre-recorded Book Revision 0.912 July 27、2006
- Advanced Access Content System（AACS）：Blu-ray Disc Recordable Book Revision 0.953 Final October 26、2012
- Advanced Access Content System：Blu-ray Disc Prepared Video Book Revision 0.953 Final October 26、2012
- Advanced Access Content System（AACS）：Introduction and Common Cryptographic Elements Revision 0.953 Final October 26、2012 Final
- Sony hack reveals AACS 2.0 Ultra HD Blu-ray copy protection details - BD+

# 第2章
# 通信編

## 2-1 アナログからデジタルへ
## ～通信方式の変遷とプライバシー保護

**通信編**

　電話がアナログからデジタル化への移行期に登場した通信サービスがISDN[*1]だ。従来のアナログ回線に利用されていた2芯メタル回線で音声通話を2回線利用できることから一般家庭での警備システム用の回線、商店でのクレジットカード決済承認システムやFAX、ファームバンキングの接続といった複数回線用途、さらに回線数を増やし企業に導入され、BtoB[*2]のEDI[*3]システムなどに現在も利用されている。

　そんな中、NTTはメタル回線の中継交換機や信号交換器が2025年頃には維持限界を迎えることから、公衆交換電話網をIP網[*4]に移行する構想を発表した。これに伴いインターネット接続サービスのADSL[*5]も終了する。理想的にはすべてを光回線に移行したいところだろうが、実際にはメタル回線を残したまま、局内にメタル収容装置や変換装置が用意されることになる。同時に、ISDNを使用した電子データ交換フォーマットシステム、EDIの移行は企業1社内のことではなく、複数企業の同時移行が必須となることから、新システムの開発～移行作業は負荷となるだろう。

　現在メタル回線にはアナログの電話回線かADSL、またはISDNが接続されていることになる。加入電話の数は2013年にはIP電話[*6]を下回り、ピークだった97年の1/3以下に減少しており、2,000万件を割ってまった。

　さて、このアナログ電話が音声通信のメインであった頃、ドラマの中では電柱に登り、電話を盗聴するといったシーンが登場することがあった。電話はいとも簡単に盗聴が可能といった雰囲気だが、実際に秋葉原のガード下にある電気部品街に行くと、様々な盗聴器と共に、電話線にクリップで接続（ワイヤータッピング）するタイプの盗聴器も販売されており、テレビの情報番組でそのような盗聴器を発見するといった場面を観たことがある。

では、ワイヤータッピングしたのがISDN回線やADSLだったら…もちろん過去
の盗聴ツールではデジタル回線からの盗聴は不可能だ。しかし、データは暗号化さ
れているわけではないのでそれなりの装置を作成すれば、盗聴は可能となることだ
ろう。ただし、このような行為は有線電気通信法で禁止された行為だ。これはインター
ネットにおいても同様である。

**▼有線電気通信法**

---

第九条　有線電気通信（電気通信事業法第四条第一項又は第百六十四条第三項の通信
たるものを除く。）の秘密は、侵してはならない。

第十四条　第九条の規定に違反して有線電気通信の秘密を侵した者は、二年以下の懲
役又は五十万円以下の罰金に処する。
2　有線電気通信の業務に従事する者が前項の行為をしたときは、三年以下の懲役又
は百万円以下の罰金に処する。
3　前二項の未遂罪は、罰する。
4　前三項の罪は、刑法（明治四十年法律第四十五号）第四条の二　の例に従う。

---

　では、携帯電話も盗聴が可能なのか？　日本での携帯電話の通信方式を見てみよう。
　初期のFDMA方式[7]では、周波数を複数に分割するものの、一組の通話には１つ
のチャンネルを割り当てる、アナログ方式が採用されていた。そのため通話を、市販
の受信機で受信するといったことは可能であった。
　しかし、携帯電話の利用者が増えたため、従来のアナログ方式では回線不足となっ
てしまうことから、デジタル方式のTDMA方式[8]を採用した第二世代携帯電話（2G）
に移行した。また、この頃登場したCDMA[9]は2.5世代と呼ばれた。
　スマートフォンが普及し始め、通信速度への要求が高まったのが、第三世代携帯
電話（3G）である。第三世代ではCDMA方式が中心となる。CDMA方式は、元の信
号の周波数帯域の何十倍も広い帯域に拡散して送信する、スペクトラム拡散を利用
した通信方式だ。スペクトラム拡散は画像に電子透かしを埋め込む技術としても利
用されている。軍用にも用いられたこの技術は暗号化をおこなわなくても、拡散さ
れた電波から第三者が目的の電波を拾い出すことは大変むずかしい。
　現在のLTE-Advancedでは通信方式は上り、下りで異なった通信方式を取り入れ
た、周波数分割複信[10]が採用されている。複数の周波数（FDD：周波数分割）を利用

し、高速化を図ったシステムだ。このように通信システムは複雑化しており、通信事業者が関わらない限り、通話を盗聴することはできないと思って良いのかもしれない。

---

*1 ISDN：Integrated Services Digital Network　サービス総合デジタル網。従来の2芯メタル回線を利用し、加入者の敷地からNTTのデジタル交換機に接続される。回線は高音質な音声通話が可能な64kbpsが2チャンネルのBチャンネルとパケット通信に利用可能な制御用のDチャンネルを持つINSネット64ほか、Bチャンネルを6〜30チャンネル束ねることができる。

*2 BtoB（B2B）：Business to Businessの略。企業間の電子取引のこと。企業対消費者間の取引はB2C（Business-to-consumer）と呼ぶ。

*3 EDI：Electronic Data Interchange　各種業界向けの電子データ交換のEDIフォーマットが定められ、企業間の受発注システム。流通システムなどで使用されている。たとえば調剤薬局と医薬品仲卸といった間での受発注を電子化し、在庫により自動発注するといったシステムが利用されている。

*4 IP網：インターネット・プロトコルを利用した通信網

*5 ADSL：Asymmetric Digital Subscriber Line 非対称デジタル加入者線。アナログ回線（メタル回線）を使用したインターネット接続で、使用比率の高い下り（ダウンロード）の速度を、上り（アップロード）より相対的に速い速度に設定されている。

*6 IP電話：VoIP（Voice over IP）と呼ばれるインターネット・プロトコルで音声を送る技術を用いた通話。P2PのSkypeやLINE通話なども同様の技術によるもの。

*7 FDMA：Frequency-Division Multiple Access　周波数分割多元接続方式。第一世代携帯電話（1G）で使用された方式

*8 TDMA：Time Division Multiple Access　時分割多元接続式。第二世代携帯電話（2G）で使用された方式。

*9 CDMA：Code Division Multiple Access　符号分割多元接続方式。第二世代に登場したcdmaOneは2.5世代とも言われている。常時複数接続が可能である。スペクトラム拡散を用いた手法で、第三世代携帯電話に使用された方式

*10 周波数分割複信（しゅうはすうぶんかつふくしん）：Frequency Division Duple 送信と受信に異なった通信方式を用い、異なる周波数を割り当てることで全二重通信（送受信が同時に可能）をおこない、通信速度を上げる技術のこと。

---

参考資料

• 総務省　資料173-1　固定電話網のIP網への円滑な移行について
　http://www.soumu.go.jp/main_content/000487200.pdf

## 2-2 インターネットの安全性を確保する

**通信編**

　では、デジタルならまったく盗聴される心配がないのか。インターネットの場合を見てみよう。

　インターネットはTCP/IP[*1]と呼ばれるプロトコル（手順）に沿って通信をおこなっている。送受信するデータは適度な大きさで区切られ、それぞれに宛先や送り主の住所に相当するポート番号、IPアドレスなどの情報を付加したヘッダー、フッターが付加され、多くのサーバを経由して目的地まで届けられる。通常のやり取りではデータの中身は平文のまま送られる。

　ARPAnet[*2]として生まれ、学術ネットワークとして発達を遂げたインターネットは、善意の利用しか想定されていなかった。しかし、商用利用が始まり利用者が増えるに従い、様相は変わって来た。様々な発明においても科学者、技術者の純粋な思いは得てして踏みにじられることが多いものだ。

　インターネットの経路上に悪意を持ったサーバ管理者がいれば、通過するメールを盗み見るといったことは至って簡単なのだ。有線LANにおいてもARPスプーフィング[*3]などの攻撃をおこなうことにより、盗聴が可能となる。

　日本の技術を狙ったインターネットによる産業スパイ活動は日常茶飯事であろう。これは決して他人ごとでは無いのかもしれない。スノーデン・ファイル[*4]によれば、米国国家安全保障局（NSA）から日本にXKEYSCOREと呼ばれる監視ツールが提供されているという。これが稼働していれば、国内のあらゆるインターネット通信が収集されることになる。

　インターネットの盗み見が至って簡単なことを知れば、重要なメールのやり取りには暗号化が必要な理由もわかるであろう。

　まず、電子メールクライアント[*5]利用での暗号化を見ていこう。

　先に説明したように何も対策をしないでメールを送信した場合、盗み見られるリスクが存在する。未公開の特許や技術関連の打ち合わせなど、大切なものを安全に相手側に届けるためには暗号化ツールを使用することになるが、暗号化にはいくつかの方式がある。ポピュラーな方式ではS/MIME（Secure/Multipurpose Internet

Mail Extension)がある。公開鍵方式による暗号化とデジタル署名をサポートしてなりすましも防ぐ。

　また、世界的に有名な暗号化ツールにPGP（Pretty Good Privacy）がある。米国で暗号の輸出が禁止されていた1990年代初頭に、暗号プログラムを開発したフィリップ・ジマーマン（Philip Zimmermann）が書籍としてコードを公開することで、国際版が展開されることになった。その後、様々な経緯を辿り商業版のPGPもあるが、OpenPGPとして国際的に標準化されている。こちらも公開鍵暗号方式を採用しているほか、楕円曲線暗号への対応が追加された。

　公開鍵暗号では事前の鍵交換など使用するためにひと手間増えるが、PGPでは企業向けに省力化が可能な様々なオプションツールが提供されている。

　クラウドメール[6]は端末に電子メールクライアントがインストールされていなくても利用できる利便性がある。この場合ブラウザからクラウドメールのあるサーバにアクセスすると、TLS[7]というセキュリティで接続されて通信の内容は保護される。しかし、送り先が発信者と異なるメールサービスを使用している場合には、その先の区間は保護されないまま転送されることになる。

　SkypeやLINE通話など、インターネットで利用できる通話システムがVoIP[8]によるIP電話だ。P2Pによる通話システムも同様で、音声をデジタルデータに変換して、メールなどと同様の手順で送られる。音声なので遅延が発生しないように、優先的に送る仕組みなどもある。これらの通話に関しても悪意の第三者に対して安全とは言えない。

　公衆無線LANに接続する場合に、パスワードの入力が必要な通信をおこなうことは非常にリスクを伴うことはもうおわかり頂けるだろう。盗み見の他、それが無料を装った偽Wi-Fiスポットかもしれない。そこでうっかりパスワードなどを入力すれば、それは丸見えになってしまう。では、インターネットを利用する際、つねに通信を暗号化することができないのだろうか。

　安全にインターネットを利用する方法としてVPN接続[9]が利用できる。一般にVPNは企業の本社サーバ、支社間のネット接続などに利用されている。サーバにVPNサーバーソフトを導入設定する方法や、VPN機能を持ったブロードバンドルーター[10]が利用できる。Wi-FiルーターにVPNサーバ機能を持ったものもある。自宅

エレクトロニクスと暗号技術

にVPNの設定をおこなってあれば、外出先から自宅のNASに安全に接続するといったことが可能になる。（IP固定契約、またはダイナミックDNSサービスの設定などが必要になる）

　PCやスマートフォンからインターネット接続にVPNを使うにはどうしたら良いだろう。VPNサービス、VPN Gateに接続することで端末からVPNサービスの接続先までの通信内容を暗号化することが可能になる。VPNサービスのサーバーから先は平文となってしまうが、少なくとも公衆無線LANなどを使用する、目の前のリスクは避けられる。これはインターネットに限らず、社内LANなどにおいても有効な手段だ。だが、セキュリティポリシーのしっかりとした企業ではこれを禁止しているだろう。企業内から社外に、データが流出する危険性があるからだ。

　また、ネット規制のある国から日本で利用可能なサービスを利用したいといった場合にも有効だ。事前にVPNの接続環境を整えてから出かけると良いだろう。*11

　利用者のIPアドレスはVPNサービスから自動的に割り当てられるため、たとえば自宅のパソコンから企業などの不正を告発するといった利用により、IPアドレスから告発人の身元がバレてしまうといった心配もない。（ただし、メールクライアントは名前などを設定しているでしょうから使用には注意が必要）

　iPhoneやAndroidにはVPNを設定できる機能がある。以下で紹介するVPNサービスを利用する際にも切り替えが簡単におこなえる。L2TP/IPsecという暗号化サービスにはクライアントソフトは不要だ。これはmac OSでも利用可能だ。

　WindowsパソコンならSoftEther VPN Clientをインストールすれば SSL-VPN での接続を快適におこなうことができる。ノマドワーカーには是非、VPNの利用をお薦めする。

　ただし、VPNを使用しても接続先がフィッシングサイトの場合にはVPNも無意味になってしまうので注意して欲しい。

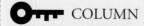
COLUMN

### VPN Gate 公開VPN中継サーバ
筑波大学学術実験プロジェクト（https://www.vpngate.net/ja/）
筑波大学の学術実験の一環として大学及びボランティアが提供しているVPNサービス。設定の不要な有料版と、自分で設定をおこなう無料版がある。

## ▼ iPhone VPN 設定例

*1 TCP/IP：Transmission Control Protocol/Internet Protocol。LAN（Local Area Network ローカルエリア・ネットワーク）とインターネットを統合する際に発明された。LANをインターネットに接続するための通信規約。

*2 ARPAnet：米ソ冷戦時代であった1961年、米国ユタ州の3ヶ所の電話回線中継基地が破壊されるテロ事件が発生し、軍用回線も不通となってしまった。このことに危機感を抱いた米国国務省は、このようなことに影響されない通信システムの研究を開始した。しかし、研究成果が得られなかったことから、大学が参加し研究が進められることになる。このネットワークがARPAnetと呼ばれた。

*3 ARPスプーフィング：目的とする通信先の機器になりすましをおこなうこと。ARPは送信先の検索をARPテーブルに対しておこなう要求であり、このARPテーブルの応答を偽装することで、攻撃者自身の機器のなりすましをおこなう。

*4 スノーデン・ファイル：CIA元職員 Edward Joseph SnowdenによるNSA国家安全保障局の極秘文書の暴露。世界500ヶ所で情報を傍受し（PRISMと呼ばれる）、世界中のあらゆる情報を集めている。日本も監視対象になっている。またNSAが開発したXKEYSCORという監視ソフトが日本にも提供されているといった内容。
　2017/4/24 NHK クローズアップ現代＋「アメリカに監視される日本～スノーデン"未公開ファイル"の衝撃～」
　https://www.nhk.or.jp/gendai/articles/3965/index.html

*5 電子メールクライアント：電子メール専用のソフトウェア。パソコン用ではMicrosoft Outlook、Thunderbird、Becky! Internet Mail、秀丸メールなど多くのソフトウェアがある。

*6 クラウドメール：ウェブメールとも。ブラウザを使用してアクセスができるメールサービス。Gmail、yahoo！ mail などが接続サービスをおこなっている。

*7 TLS：Transport Layer Security。一般にSSL/TLSLと呼ばれているが。SSL（Secure Sockets Layer）を引き継いだのがTLSで、SSLは既に使用されていない。しかし、その知名度（覚えやすい？）からか未だにセットで名前が使われている。TLSの最新版、TLS1.3が2018年3月に標準規格として承認された。

*8 VoIP：Voice over IP。インターネット・プロトコルで音声を送る技術。

*9 VPN接続：Virtual Private Network バーチャル・プライベート・ネットワーク。通信回線を暗号化することで、仮想的なプライベート回線を実現する。

*10 ブロードバンドルーター：LANをインターネットに接続するための機器。契約したプロバイダー（インターネットに接続するためのサービスを提供する事業者）との接続をおこない、そこを経由してインターネット接続をおこなう。

*11 国外との通信を規制してる国ではインターネットのアドレス帳とも言えるDNSサーバの検索を制限している。インターネットの接続では、DNSサーバでURLからIPアドレスを検索し、ネットの接続をおこなう。このような理由から、VPNゲートのDNS参照は制限されている可能性があり、URLでは接続できない可能性が高い。VPNの設定にIPアドレスを設定していれば、IPアドレスがブロックされていない限り、接続できる可能性は高い。ただし、VPN GateのIPアドレスは変更される場合があるので注意が必要だ。

### 参考資料

- 情報セキュリティ総合科学　第5号 2013年11月 P1-35　インターネット利用における「通信の秘密」　田川義博
　https://www.iisec.ac.jp/proc/vol0005/tagawa13.pdf

# 2-3 デジタルでも盗聴された警察無線!

**通信編**

## 第一世代のスクランブル

　現在、警察無線は所轄系、広域系などすべてがデジタル化され、これらの周波数をFMモードの受信機で傍受[*1]しても音声として内容を確認することはできない。

　デジタル化以前のアナログ(FM変調)で通信していた頃には通常の通信は傍受できたが、大きな事件や特別な内容については10番Aと呼ばれる秘話装置が用いられた。これは音声信号の周波数の高低を特定の周波数を中心に反転させてしまうというものだ。高音は低音に、低音は高音になってしまうのだが、多くの周波数成分を含んだ音声が反転されると「モガモガ」といった音に変わってしまい、何を話しているのかわからなくなってしまうといったものだった。

　この10番Aも現在なら、基本回路は一般に使用されている小さなICが1個とわずかな部品で製作できてしまう。

▼10番A　回路図

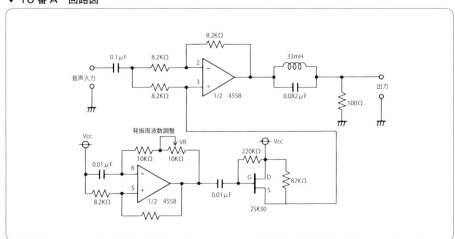

## デジタル化は無敵ではなかった？

　警察庁は1982年から数100億円を投じてデジタル方式の無線設備・整備を始めていたが、1984年9月に起きた過激派による「自由民主党本部放火襲撃事件」での警察無

線通信妨害や、「グリコ・森永事件」[*2]において、犯人が警察無線を傍受し警察の行動を察知しており、さらに大阪府警と滋賀県警の連携不足なども重なり犯人を取り逃がすミスがあった教訓から、秘匿性を高めるためのデジタル化（暗号化）が急がれたという経緯がある。

　本書の前の版となる「技術評論社版」では、「デジタル警察無線はなぜ聞けないか」という仮タイトルで、デジタル無線の大まかな仕様を推理していたが、脱稿直前の98年4月10日、革マル派のアジト捜索で押収された「神戸連続児童殺傷事件の検事調書流失」に関する押収物件の中に、警察無線の解読装置や受信を録音したテープなどが見つかり押収された。
　押収物件の写真には2個のデジタルスイッチのついた黒いパネルの手製の解読器と思われるものが写っている。
　警視庁では『絶対に受信ができない』と思っていた無線が傍受されていたことに大きなショックを受けていたようだ。原稿を仕上げた私にとってもショッキングな出来ごとだ。難攻不落のデジタル警察無線が傍受されていたとなっては原稿内容の変更を余儀なくされてしまったからだ。

▼革マル派の警察無線盗聴を報じる産経新聞

産経新聞（東京本社版朝刊）平成10年4月10日

革マル派の発表では「"ど素人"に近い、革命を目指している革マル派だけが独力で解析することができた」としているが、解読器の内部の写真を見ると、とても"ど素人"にできる技には見えない。多分にカルト的、プロパガンダ的発言であろう。ここには確かなデジタル回路技術、デジタル通信技術、無線通信機に関する知識を持った者が関わっていると断言できる。

　革マル派では変復調方式はQPSKと発表しているが、音声符号化方式は専門誌の解析では、伝送速度16KBPSの適応デルタ変調（adaptive delta modulation-AMD）と言われてきており、1フレーム320ビット構成としているが、その後の情報では、音声符号化方式はCVSDが有力となってきた。また、革マル派の言うところの「警察が実際に使用していた312ビットの暗号コード」は、どのようにして導き出されたものかは非常に興味深い。

　警視庁では2ヶ月毎に、暗号コードを変更していると言う。となると2ヶ月以内にコードを発見しなければならないことになる。これを数10回繰り返して、始めてベースとなる暗号コードを導き出すことが可能になるのだ。

　もし暗号化コードの自力解読の可能性があるとすれば、次のようなことが考えられる。

① 呼び出し用トーン信号の解析。従来、呼び出し時にはレピータ（中継機）起動用の決まった周波数の発信音が使用されている。これを元にある程度のことが推測可能となる。
② 無変調時（音声がないとき）に内部のコードが筒抜けになるような仕様。つまり無変調のコード時にコードを発生していないとすれば、割合簡単に暗号化コードを導き出すことは可能になってしまう。そのような欠陥暗号通信機だったかどうかは、我々には知ることはできない。


　この事件発覚により新システムの導入が早められ、159億円の補正予算が警視庁分として認められた。2003年から車載用システム、2011年からは警察官の携帯用、また交番の通信システムが運用開始された。デジタル警察無線は第二世代に突入している。警察、消防など公共の回線を有効に使えば国の予算を大きく節約できるのに、自前のシステムを欲しがるという考え方はそろそろ変えるべきなのではないだろうか。

　米国では知ることの権利からか警察無線はウェブでも聞くことができるのだが、国民の大切な税金をたくさん使い、公共の電波を使用しているにも関わらず、日本では秘匿する方向に動き、警察の活動に対する一般市民のチェックが入らない。身内可愛さなどといったことが起こらないように適切な運用を願いたいものだ。

## 傍受は犯罪か？

　過去に警察無線や消防無線を聞くことを趣味とする人たちが存在した。デジタル化が進んだ現在、これらの人々は趣味を失ってしまった訳だが、このように他人の無線通信を聞く行為は犯罪なのだろうか？

　電波法には次のように定められている。

---

第五章　運用　第一節　通則（秘密の保護）
第五十九条　何人も法律に別段の定めがある場合を除くほか、特定の相手方に対して行われる無線通信（電気通信事業法第四条第一項又は第百六十四条第三項の通信であるものを除く。第百九条並びに第百九条の二第二項及び第三項において同じ。）を傍受してその存在若しくは内容を漏らし、又はこれを窃用してはならない。

第九章　罰則
第百九条　無線局の取扱中に係る無線通信の秘密を漏らし、又は窃用した者は、一年以下の懲役又は五十万円以下の罰金に処する。
2　無線通信の業務に従事する者がその業務に関し知り得た前項の秘密を漏らし、又は窃用したときは、二年以下の懲役又は百万円以下の罰金に処する。

---

　そして無線のデジタル化が進んだことから第百九条に以下のような第二項が平成16年に追加された。

---

第百九条の二　暗号通信を傍受した者又は暗号通信を媒介する者であつて当該暗号通信を受信したものが、当該暗号通信の秘密を漏らし、又は窃用する目的で、その内容を復元したときは、一年以下の懲役又は五十万円以下の罰金に処する。
2　無線通信の業務に従事する者が、前項の罪を犯したとき（その業務に関し暗号通信を傍受し、又は受信した場合に限る。）は、二年以下の懲役又は百万円以下の罰金に処する。
3　前二項において「暗号通信」とは、通信の当事者（当該通信を媒介する者であつて、その内容を復元する権限を有するものを含む。）以外の者がその内容を復元できないようにするための措置が行われた無線通信をいう。
4　第一項及び第二項の未遂罪は、罰する。
5　第一項、第二項及び前項の罪は、刑法第四条の二 の例に従う。

---

2016年7月に、鉄道ファンがJRの通信内容をYouTubeにアップして書類送検されている。憲法では「傍受」自体は違法ではないことが明らかになっている。ここで録音コレクションに加えておく程度であれば問題はなかっただろう。しかし、一般に公開したことが「その存在若しくは内容を漏らし」たことになり、電波法第五十九条に抵触している。

現実には電波法を知らない人は多いことだろう。因みに憲法第二十一条にも「通信の秘密は、これを侵してはならない。」の一文がある。

それにしても「警察24時間云々」といった警察の活動を取材したドキュメンタリー番組で、よく無線通信の内容が放送されているが、こちらは法律的に問題ないのだろうか？？

新たに追加された第二項の内容は基本的に第一項と変わらないように見えるが、「暗号通信」を対象にした内容が追加された。ここで注目して欲しいのは。「その内容を復元したとき」(暗号通信の内容を復元した時)、更に「未遂罪は、罰する」という非常に危険な法律になっている。

このような内容では、技術的興味から「警察無線用デジタル受信機を作成してみた」という行為だけで第百九条第二項に違反したとされる危険性が存在することになってしまう。

# 2-4 鍵がないと動かない自動車のはずだが
**通信編**

台湾に出掛けた時に驚いたことがあった。友人の乗用車(日本車の中古輸入車)に同乗して出かけた時のことだ。その友人は駐車時におもむろにステアリング・ホイールに鍵付きの鉄製のつっかえ棒を取り付けたのだ。また、別の知人の自動車には盗難防止用のセキュリティーシステムが取り付けられていた。いずれも大衆車で決して高級車ではない。

鍵がないと動かないはずの自動車のはずだが、うっかりすると盗まれてしまうので自己防衛をしているとのこと。エンジンはキーに接続されたケーブルを切断し、直に接続することで動かすことができてしまう。エンジンさえ掛かってしまえば盗難防止のステアリング・ロックも効かない。

台湾では大衆車とはいえ、多かれ少なかれ何らかの盗難防止対策を施しているようだ。

では日本国内はどのような状況かとみると、決して安全と言える状況では無いようだ。海外からの窃盗団が日本にも上陸している。

現在の自動車キーが自動車を安全に保護できないとなったらどう対応すれば良いのだろうか。例のハンドル固定のつっかえ棒しか対策はないのだろうか。

ドイツでは自動車の盗難対策として、95年からイモビライザー（Immobilizer）の装着が義務付けられた。

イモビライザーキーはメカニカルなキーに電子的なキーを組み込んだもので、キーをシリンダーに差し込むと車載コンピュータとキーに埋め込まれたプロセッサとの間で通信がおこなわれ、キーに登録されているIDコードを車載コンピュータが読み出す。このIDコードと車載コンピュータに登録されているIDコードが一致した場合にのみ、エンジンの始動が許可される共通鍵暗号によるシステムだ。キーの配線を直結してもエンジンは始動できないようになっている。因みにキーを紛失した場合には、本国ドイツまで手配しなければならないそうだ。セキュリティとしては満足できるものではないだろうか。

そして近年の自動車ではスマートキーシステム（名称はメーカーにより異なる）が主流になっている。ドアハンドルに手を触れるとドアが解錠され、エンジンはスタートボタンを押すだけで掛かり。キーをシリンダーに差し込み回すといった手間は不要だ。

スマートキーシステムはタッチセンサーとなっているドアハンドルに触れることで、自動車側から125kHz前後の長波（LF）が発信される。スマートキーがこれを受信して、今度は300MHz台の周波数でIDコードを返す。これを車内RFユニットが信号を受信してCPUでIDコードの一致を判定し、IDコードが一致したらドアを解錠し、エンジンのスタートボタンの操作を許可する。リモートドアロックなどと異なり、ここで使用されている電波は微弱で、自動車の至近距離でないと通信をおこなうことはできないようになっている。

このように無敵とも思えるこれらの鍵方式だが、キーを外していたイモビライザー搭載の高級車が盗難に遭ったことから、決してこれらの方式も万能ではないという事実が知られることとなった。レッカー車などで持ち去られたらこれはどうしようもないだろう。異常な振動や音で警告音を発するカーセキュリティシステムとの併用が必要になる。

また、ドアをこじ開けられれば車内の貴重品は盗難に遭うのでやはり貴重品は置いてはいけない。以前、窓ガラスを割られて盗難に遭った経験者の警告だ（貴重品を置いていたわけではなかったが修理代は痛かった）。

　高級車盗難が続いたことからわかった手口が、ドアをこじ開けた後、コンピュータのメンテナンスに使用するサービス用のコネクタに、キープログラマと呼ばれる専用ツールを接続してキーのIDデータを削除し、新たに手持ちの鍵のIDに書き換える方法や、メンテナンスツールやメンテナンスコネクタに接続するだけでイモビライザーを無効にし、別のキーでも始動させられるイモビカッターと呼ばれるツールを悪用する方法がおこなわれている。

▼キープログラマ

▼イモビカッター

イモビカッター。インターネットで簡単に入手できる

スマートキー方式の自動車も盗難の被害に遭っているが、これらの中にはキー騙し攻撃（key-spoofing attack）または電波増幅攻撃（Radio wave amplification attack）とでも呼べる攻撃方法がある。この攻撃はキー騙し攻撃用の無線機2台1組を攻撃者2人が持っておこなう。

　自宅前のカーポートに駐車して、スマートキーが玄関に置かれていることを想定した例を見てみよう。

　攻撃者Aがカーポートの車の運転席ドア前で待機、攻撃者Bが玄関前に移動する。

　攻撃者Aは自動車のドアハンドルにタッチする。同時に自動車から発信される長波の信号を攻撃者Aの持つ無線機が受信し、同時にこの電波を増幅して送信する。

　玄関に置かれたキーはこの増幅された電波を受信し、キーはIDコードを発信する。玄関前の攻撃者Bの無線機は微弱なIDのコードを受信し、それを増幅して送信する。これで自動車の鍵は解錠され、エンジンをかけることも可能になってしまう。

　これはコンビニや外食レストランの駐車場に停めた自動車に対しても攻撃が可能になる。この場合、攻撃者Bは運転手の後ろをついて歩くといったことになる。（この手の攻撃に対策済の車種も存在する）


　ここで紹介したキー騙し攻撃装置は研究用に作られた物だが、最初に作られた時には$225だったものが、なんと2017年の中華製の無線機はペアで$22と格安で制作されている。実際にこのような装置がブラックマーケットに出回っていることだろう。


　自宅前に駐車して玄関に鍵を置いている場合には、浅くて蓋のできる金属製の缶に入れるようにすることで、これらの攻撃からのリスクを減らすことができる。とは言っても玄関を開けて鍵を持ち去る、などといった手口もあるので、玄関から離れたリビングなどに置き場所を作ることを考えた方が良いのかもしれない。本当に心配し始めたらきりがない。世知辛い世の中になったものだ。

▼自動車盗難認知件数の年別推移

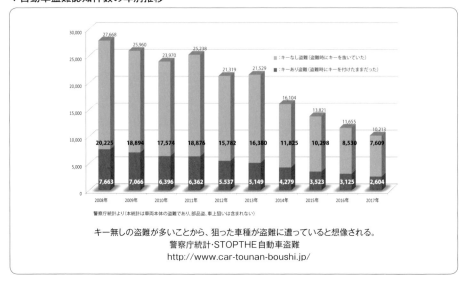

参考資料
- Keyless cars 'increasingly targeted by thieves using computers'
  https://www.bbc.com/news/technology-29786320
- JUST A PAIR OF THESE $11 RADIO GADGETS CAN STEAL A CAR
  https://www.wired.com/2017/04/just-pair-11-radio-gadgets-can-steal-car/
- Keyless: Leichte Beute fur Autodiebe
  https://www.adac.de/infotestrat/adac-im-einsatz/motorwelt/test_keyless.aspx

# 第3章
# コードとカード編

## 3-1 鍵がないと動かないプログラム
## ～電子の鍵 デバイスキー方式プロテクト

**コードとカード編**

　専用のハードウェアキーをパソコンに接続することにより初めてアプリケーション・ソフトが動作するプロテクトをハードウエア補助防御（hardware assisted protection）と呼ぶ。これはCADや半導体開発ツールなどの比較的高価なアプリケーション・ソフトでよく用いられている方法で、アプリケーション・ソフトのコピーは可能だが、このキーがないとソフトを使うことができないというものだ。

　ハードウエアキーはデバイスキーなどとも呼ばれており、初期の頃はパラレルポート（プリンタポート）やシリアルポートに接続するものが主流であったが、USBの普及に伴い、USBポートに接続するUSBメモリーのような形状のデバイスキーに変わった。このUSBメモリー形状のデバイスキーをドングルと呼んでいる。

　アプリケーションプログラムを起動すると、デバイスキーに対して時間経過やプログラムの機能の切り替えなどのタイミングで問い合わせを出してコードを受け取るといった共通鍵方式だ。

　初期のデバイスキーは特定のコードをシリアルデータで返すという無防備な方式だった。このコードとアプリケーションプログラムに組み込んだプロテクトプログラムに設定されたコードとを比較して、正しいキーが接続されていれば続けてプログラムを使用できるといったシステムだ。

　決まったコードを返すキーであれば偽物のキーを作ることはそれ程難しいことではない。そこで登場したのがランダムなコードを返すデバイスキーの登場だ。デバイスキーの中身もプロセッサ化され、そこに暗号鍵が書き込まれている。

　アプリケーションプログラムを動かすパソコンからUSBに接続されたデバイスキーに、毎回異なる値の公開鍵を渡す。デバイスキーの持つ暗号鍵によって作成された

データをパソコンが受け取り、パソコンが持つ暗号鍵によってデバイスキーの暗号鍵と同じか判断する。公開鍵暗号の手法で実現できる方法だ。

デバイスキーの持つ暗号鍵によって作成されたデータによって特殊なレスポンス・パターンでパソコンに返すことで、パソコンに返すデータを更に暗号化する方式などがある。

勿論、アプリケーション・ソフトに書き込んだ暗号鍵が抜き出されないように保護する必要があるのは言うまでもない。

## 3-2 ポーと秘密インク 〜見えないバーコード
### コードとカード編

エドガー・アラン・ポーの『黄金虫』ではキャプテン・キッドの羊皮紙に書かれた暗号文が発見されるが、これは熱を加えると暗号文が現れるというものだった。

まさにこの暗号そっくりと言えるものが活躍している。1998年2月から始まった7桁郵便番号システムに対応した、バーコード印刷機能が加わった郵便番号自動読取区分機システムだ。

この7桁郵便番号は郵便番号自動読取区分機での郵便物のより細かな分類を可能にし、区分けの手間を減らすこととなった。

従来の郵便物あて名自動読取区分機では、定型郵便物の手書きの郵便番号を文字認識装置で文字認識されたあと、すぐにそのまま区分けされていた。一方、新たに作られた読取区分機ではこの認識された郵便番号をバーコード(局内バーコード)に変換して、蛍光塗料で郵便物に印字される。区分機で読み取れなかった場合には識別用のバーコード(IDバーコード)を印字し、ビデオコーディングシステムという装置で画像をモニターで確認しながらキーボードで入力することによって、バーコードを印字するシステムになっている。ここで印字されたバーコードは透明な蛍光塗料で、通常は目で見ることができない。このバーコードの読み取りをおこなうためには紫外線を照射する。実際に目に見えるインクで印刷されて郵便物を汚してしまうことを避けるという目的がある。

ではなぜバーコードが必要なのだろう。これには区分け処理のスピードを改善するという目的がある。

従来の郵便物あて名自動読取区分機では毎時約22,000通の処理をおこなっていた。またスイッチの切り替えで配達局別の区分けは毎時約30,000通の処理が可能であった。

読取区分機では郵便番号と宛名の読み取りに毎時約30,000通の処理が可能で、バーコードのみを読み取る場合にはさらに毎時約40,000通という高速な処理が可能となっている。なんと郵便物の搬送速度は毎秒4m以上に達することになる。

区分けをおこなう時には他の配達局別の区分けもおこなわれているが、この時にバーコードを印刷していると次の配達局での区分けの時にはバーコードの読み取りだけで良く、区分け処理が高速化できる。また、このバーコードには住所の丁目、番地、号の情報まで印刷され、区分時には郵便局員の配達経路に合わせた並び替えを実現できるようになっている。

大量の郵便物を郵送するユーザーにはこのバーコード(カスタマー・バーコード)を事前に印刷することで料金の割引をおこなう制度がある。

DMなどでこのバーコードを見たことのある人も多いだろう。ここで使用されているバーコードは従来使用されているものとは異なり、4ステートコードと呼ばれるもので、並んでいるバーが長いロングバー、2/3の長さで上下にずれているセミロングバー、1/3の長さで中央の高さにあるタイミングバーという4種類の組み合わせからなり20文字分の長さが確保されている。

▼4ステートコード

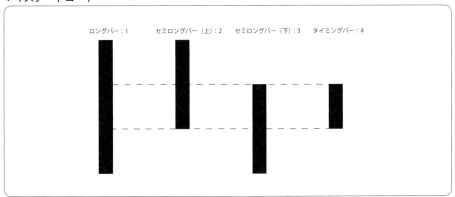

# ▼カスタマバーコードの体系

キャラクタ　カスタマバーコード　バー種類　コード組合せ

| キャラクタ | カスタマバーコード | | キャラクタ | バー種類 | コード組合せ |
|---|---|---|---|---|---|
| 1 | 114 | | A | 324114 | CC1+0 |
| 2 | 132 | | B | 324114 | CC1+1 |
| 3 | 312 | | C | 324132 | CC1+2 |
| 4 | 123 | | D | 324312 | CC1+3 |
| 5 | 141 | | E | 324123 | CC1+4 |
| 6 | 321 | | F | 324141 | CC1+5 |
| 7 | 213 | | G | 324321 | CC1+6 |
| 8 | 231 | | H | 324213 | CC1+7 |
| 9 | 411 | | I | 324231 | CC1+8 |
| 0 | 144 | | J | 324411 | CC1+9 |
| ハイフン | 414 | | K | 342144 | CC2+0 |
| CC1 | 324 | | L | 342114 | CC2+1 |
| CC2 | 342 | | M | 342132 | CC2+2 |
| CC3 | 234 | | N | 342312 | CC2+3 |
| CC4 | 432 | | O | 342123 | CC2+4 |
| CC5 | 243 | | P | 342141 | CC2+5 |
| CC6 | 423 | | Q | 342321 | CC2+6 |
| CC7 | 441 | | R | 342213 | CC2+7 |
| CC8 | 111 | | S | 342231 | CC2+8 |
| スタート | 13 | | T | 342411 | CC2+9 |
| ストップ | 31 | | U | 234144 | CC3+0 |
| | | | V | 234114 | CC3+1 |
| | | | W | 234132 | CC3+2 |
| | | | X | 234312 | CC3+3 |
| | | | Y | 234123 | CC3+4 |
| | | | Z | 234141 | CC3+5 |

海外では米国郵政公社（USPS 4-State Customer Barcode）、英国郵政公社（(RM4SCC)/CBC）、オーストラリア郵便公社（Australian Post - 4 State）などがこの4ステートコードの変形バーコードを使用している。

　バーコードのフォーマットは次のようになっている。（）はキャラクター数。

スタートコード（1）＋新郵便番号（7）＋住所（13）＋チェックデジット（1）＋ストップコード（1）

チェックデジットはすべてのコードを足したものが19の倍数になるようにする。

## ▼カスタマバーコードに必要な文字情報の抜き出しから生成までの処理概要

住所を町域名までの住所Aと町域名以降の住所Bに分割する

東京都千代田区霞が関1丁目3番2号　郵便プラザ503号室
住所

東京都千代田区霞が関
住所A（町域名までの住所～郵便番号）

1丁目3番2号　郵便プラザ503号室
住所B（町域名以降の住所～住所表示番号）

町域までの住所に郵便番号を設定

町域名以降の住所からバーコードとして必要な文字情報を抜き出す

100-0013
（郵便番号）

1-3-2-503
（住所表示番号）

郵便番号と住所表示番号を連結してカスタマバーコードの情報とする
1000013　1-3-2-503　（※バーコード情報生成時には、郵便番号のハイフンは省く）

カスタマバーコードの情報にチェックデジット、スタートコード、ストップコードを付加してカスタマバーコードを生成

スタートコード＋郵便番号＋住所表示番号＋チェックデジット＋ストップコード
(STC 1000013　1-3-5-503　CC4 CC4 CC4 CC4　9　SPC)
(1)　(7)　　　(13)　　　　　　　　(1)　(1)　（桁数）

（※　CC4 CC4 CC4 CC4は、住宅表示番号部分が13桁に満たない場合に充足する制御コード）

## 参考資料
- 日本郵政　郵便番号・バーコードマニュアル
  https://www.post.japanpost.jp/

## 3-3 書かれていないのに価格のわかるバーコードの謎
**コードとカード編**

　今やコンビニやスーパーマーケットになくてはならないものが、製品に印刷されたバーコードを読み込むためにPOPターミナル（通称POSレジ）に取り付けられたバーコードリーダーだ。バーコードに近づけるだけでバーコードを読み取ることができ、価格が表示される。基本的にレジに価格を手入力する必要は無い。バーコードで価格が入力されるとは言ってもバーコードに価格が書き込まれているわけではない。

　バーコードには何種類かのタイプがある。代表的なものにはJAN、CODE39[*1]、NW-7[*2]、ITF[*3]などがあるが、国内で店頭小売り商品の90％以上に使用されているのがJAN（Japanese Article Number）であり、これには標準型と短縮型の2種類がある。

　1978年にJIS化されたこのコード自体はEANコードを元にプリフィクス[*4]の2桁に国コードが設定されており、日本は国コード45および49が割り当てられている。この日本向けのコードに対応したEANコードをJANコードと呼ぶ。
　この国コードを管理しているのがベルギーに本部のあるEAN（European Article Number）協会だ。
　国コード2桁の後には5桁（短縮型では4桁）のメーカーコード、6桁（短縮型では1桁）の商品アイテムコード、誤読を防止するためのチェックサム[*5]となるモジュラチェックキャラクタ（チェックデジット）からなる。

▼ JANコード、標準型と短縮型がある

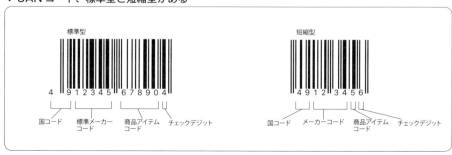

▼ JANコードの構成

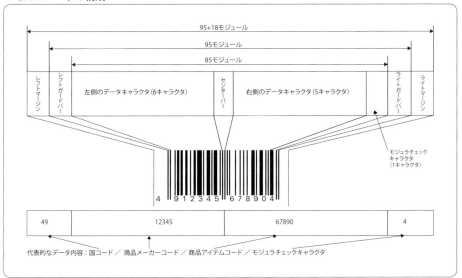

　メーカーコードの管理は財団法人　流通システム開発センターがおこなっているが、各地の商工会議所に申し込むことによってコードが割り当てられる。また、商品コードは各メーカーが自由に決めることができる。

　また、スーパーマーケットの生鮮食料品などインストアマーキングは重複しないコードを自由に使うことができる。

　バーコードは0から9までの数値の1キャラクタ[*6]のデータを7ビットの白バー、黒バーの組み合わせで表現しており、同じキャラクタでもバーコードのセンターから右側に印刷するか左側に印刷するか、またチェックデジットに偶数パリティーを使用するか奇数パリティーを使用するかによりそれぞれ3種のコードが用意されている。このようにすることで左右を逆に読み込んでも正しいコードとして認識できるように工夫されているのだ。

　また、おもしろいことに標準型では黒バーが30本、白バーが29本、短縮型では黒バーが22本、白バーが21本になるようになっている。

▼ JANコードのキャラクタ　バーの奇数パリティー、偶数パリティー

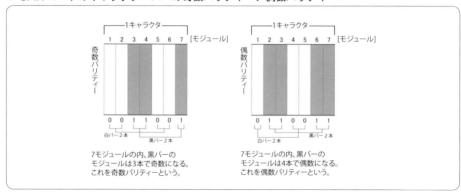

▼ JANコードキャラクタコード一覧

| 10進数 | 左側のデータキャラクタ ||右側のデータキャラクタ及びモジュラチェックキャラクタ |
|---|---|---|---|
|  | 奇数パリティー | 偶数パリティー |  |
| 0 | 0001101 | 0100111 | 1110010 |
| 1 | 0011001 | 0110011 | 1100110 |
| 2 | 0010011 | 0011011 | 1101100 |
| 3 | 0111101 | 0100001 | 1000010 |
| 4 | 0100011 | 0011101 | 1011100 |
| 5 | 0110001 | 0111001 | 1001110 |
| 6 | 0101111 | 0000101 | 1010000 |
| 7 | 0111011 | 0010001 | 1000100 |
| 8 | 0110111 | 0001001 | 1001000 |
| 9 | 0001011 | 0010111 | 1110100 |
| 0,1は それぞれの白黒に対応する ||||

　ではPOSレジとバーコードリーダーの関係はどうなっているのだろうか。
　バーコードリーダーには光の反射をラインセンサで一度に読み取る方式や、レーザー光線を回転するミラーに反射させ、その光でバーコード上を走査しその反射光を受けてデータを読み込み、コードを判読する方法などがある。
　商品のバーコードに関する商品情報はストアコントローラと呼ばれるコンピュータに事前にコードと価格、その他製品の分類コードなどの情報を記録しておく。バーコードリーダーで読み込まれたデータはレジスタに接続されたストア・コントローラに記録されているコードと比較し、一致した時にレジスタに価格と製品コードなどを送り、表示、レシートの印刷、売上げ情報の記録などをおこなうというシステムだ。このようなシステムをPOSシステムと呼ぶ。

コンビニのチェーン店などではストア・コントローラに記録されたデータを自動的に本部に送ることにより、次回の商品発送のための資料とする。チェーン店によっては男女年齢といった顧客情報なども記録するシステムもあり、店舗の客層に合わせた商品構成を計画する際の参考になるシステムが構築されている。

## ▼ JAN、EAN、UPC 国コード一覧

| 国コードなど | 国名 | 国コードなど | 国名 |
|---|---|---|---|
| 0～9 | UPU互換用 | 625 | ヨルダン |
| 2 | インストア用(NON-PLU) | 626 | イラン |
| 4 | インストア用 | 627 | クウェート |
| 10～13 | アメリカ合衆国&カナダ | 628 | サウジアラビア |
| 20～29 | 小売業インストア用 | 629 | アラブ首長国連邦 |
| 30～37 | フランス | 64 | フィンランド |
| 380 | ブルガリア | 690～691 | 中華人民共和国 |
| 383 | スロベニア | 70 | ノルウェー |
| 385 | クロアチア | 729 | イスラエル |
| 387 | ボスニア・ヘルツェゴビナ | 73 | スウェーデン |
| 40～43および440 | ドイツ連邦共和国 | 740 | グアテマラ |
| 45および49 | 日本 | 741 | エルサルバドル |
| 46 | ロシア連邦 | 742 | ホンジュラス |
| 470 | キルギス | 743 | ニカラグア |
| 471 | 台湾 | 744 | コスタリカ |
| 474 | エストニア | 745 | パナマ |
| 475 | ラトビア | 746 | ドミニカ共和国 |
| 476 | アゼルバイジャン | 750 | メキシコ |
| 477 | リトアニア | 759 | ベネズエラ |
| 478 | ウズベキスタン | 76 | スイス、リヒテンシュタイン |
| 479 | スリランカ | 770 | コロンビア |
| 480 | フィリピン | 773 | ウルグアイ |
| 481 | ベラルーシ | 775 | ペルー |
| 482 | ウクライナ | 777 | ボリビア |
| 484 | モルドバ | 779 | アルゼンチン |
| 485 | アルメニア | 780 | チリ |
| 486 | ジョージア | 784 | パラグアイ |
| 487 | カザフスタン | 786 | エクアドル |
| 489 | 香港 | 789～790 | ブラジル |
| 50 | イギリス | 80～83 | イタリア |
| 520 | ギリシャ | 84 | スペイン |
| 528 | レバノン | 850 | キューバ |
| 529 | キプロス | 858 | スロバキア |
| 530 | アルバニア | 859 | チェコ |
| 531 | マケドニア | 860 | ユーゴスラビア |
| 535 | マルタ | 865 | モンゴル |
| 539 | アイルランド | 867 | 朝鮮民主主義人民共和国 |
| 54 | ベルギー&ルクセンブルグ | 869 | トルコ |
| 560 | ポルトガル | 87 | オランダ |
| 569 | アイスランド | 880 | 大韓民国 |
| 57 | デンマーク | 884 | カンボジア |
| 590 | ポーランド | 885 | タイ |
| 594 | ルーマニア | 888 | シンガポール |
| 599 | ハンガリー | 890 | インド |
| 600～601 | 南アフリカ共和国 | 893 | ベトナム |
| 603 | ガーナ | 899 | インドネシア共和国 |
| 608 | バーレーン | 90～91 | オーストリア |
| 609 | モーリシャス | 93 | オーストラリア |
| 611 | モロッコ | 94 | ニュージーランド |
| 613 | アルジェリア | 950 | GS1本部 |
| 616 | ケニア | 955 | マレーシア |
| 618 | コートジボワール | 958 | マカオ |
| 619 | チュニジア | 977 | 定期刊行物(ISSN) |
| 621 | シリア | 978～979 | 書籍用(ISBN) |
| 622 | エジプト | 980 | 返金受領書用 |
| 624 | リビア | 981～982 | ユーロ通貨クーポン用 |
| | | 99 | クーポン用 |

▼7桁標準型JANコード例　左端4はバーコードでは印刷されていない

サンプルに国コード49(日本)が印刷された標準型の7桁JAN企業コードがある。改めてこのコードを見て頂きたいのだが、国コードの4が仲間外れになっている。データキャラクタとして印刷されているのは、レフトガードバーとライトガードバーの間の下に印刷されている9からチェックキャラクタの0までの12桁である。

これでは国コードの1桁目の4は読み取れないことになってしまうが、バーコードスキャナで読み込むと、しっかりと4を読み込んでいるのだ。

仕掛けはJANコードのキャラクタの偶数パリティ(even parity)、奇数パリティ(odd parity)にある。JANコードセンターバーの左側9〜5の6桁のデータキャラクタの偶数パリティ、奇数パリティの並び方でレフトガードバーの左の数字を表現している。

▼プリフィックスキャラクタの求め方

| 1桁目の数字 | 左データキャラクタのパリティパターン |
|---|---|
| 0 | 奇奇奇奇奇奇 |
| 1 | 奇奇偶奇偶偶 |
| 2 | 奇奇偶偶奇偶 |
| 3 | 奇奇偶偶偶奇 |
| 4 | 奇偶奇奇偶偶 |
| 5 | 奇偶偶奇奇偶 |
| 6 | 奇偶偶偶奇奇 |
| 7 | 奇偶奇偶奇偶 |
| 8 | 奇偶奇偶偶奇 |
| 9 | 奇偶偶奇偶奇 |

*1 CODE39:FA、OA、EIAなどで使用　*2 NW-7(CODABAR):宅配便、図書館の貸し出し管理などで使用　*3 ITF:標準物流シンボル。ダンボール(ITF14、ITF16)などに使用

*4 プリフィックス:コードの先頭に付けられた意味を持ったコード。現在の国内航空会社の航空機の機体番号には主にJAから始まる番号が割り当てられている。
*5 チェックサム:すべての数値を加算した時に合計が偶数、または奇数になるように最後に付け加えられた数値のこと。偶数になるように値を決めることを偶数パリティー、奇数になるように値を決めることを奇数パリティーと言う。
*6 キャラクター:コンピューターで扱う符号(文字、数字、特殊記号など)を言う。JANコードでは数字のみを扱う。

# 3-4 価格表に隠された秘密（隠された原価）

**コードとカード編**

エレクトロニクスと暗号技術

さて、今度はぐっとアナログ的なお話。

電気の街、秋葉原も最近は値引きが少なくなってつまらなくなってしまった。値札から値引きはしないといった店もあり寂しい気がするが値引きのコツは。

① 相場を知る

欲しいものの相場を事前に調べる。

② 店員を選ぶ

なるべく偉そうな、またベテラン風の店員を捕まえること。

決定権のない店員は値引率の持ち枠も少ない可能性が高い。いちいち上司のお伺いを立てないとならないようでは値引きもままならない。売り上げの多い店員なら値引きの可能性が高くなる。

③ 露骨な値引き要求をしない

相手も人間である。気分を悪くしたら引けるものも引いてもらえなくなってしまう。あっちがいくら、こっちはいくらなんていうのも相手によっては注意が必要だ。この辺の駆け引きが楽しいのだが。

④ ひやかしといった感じを与えない

単なるひやかしだと思えば相手も熱心に値引きをしたりしない。

⑤ 日時を選ぶ

売り上げの少なそうな天気の悪い日や閉店に近い時間、決算の近い日などは有利になる。

⑥ 店員と友達になる

面倒な駆け引きなしに値段を出してくれるようになる。お得品の情報なども入るだろう。

もし値引き交渉の時に価格表を調べたりしないで計算する店員がいた場合にはとても記憶力の良い店員…とばかりは言えない時がある。こんな時は値札を良く見て欲しい。販売価格や値引き価格とともに、商品コードらしい英数字の羅列が小さく書かれていたら要チェックだ。もしそれがメーカーの商品コードと異なるようだっ

たら、商品の仕入れ率や値引率などの情報が暗号化されて書かれている可能性がある。ここに書かれたコードは勿論、販売店により異なるが、良く行くお店だったらこのコードを推理してみるのも面白いだろう。

## 3-5 磁気で書かれた情報 ～クレジットカードとキャッシュカード
### コードとカード編

　磁気カード[*1]が発明されて最初に使われたのはセキュリティカードだが、一般に数多く普及したのはクレジットカードとキャッシュカードであろう。日本ではクレジットカードの正式規格をJIS I 型、キャッシュカードをJIS II 型と呼ぶ。

　大きさも厚さもまったく同じこれらカードの構造の違いはおわかりだろうか。実はデータを記憶した磁気ストライプがクレジットカードでは表面、キャッシュカードは裏面にある。また、磁気データはキャッシュカードが1本のストライプに1トラック（一種類のフォーマットによるデータ）であるのに対し、クレジットカードでは3トラック用意されているが実際には国際航空協会（IATA）の第1トラック、アメリカ銀行協会（ABA）の第2トラックのみ使用されており、ユーロカードの使用する第3トラックは使用されていない。

　第1トラックには1キャラクタ7ビットで最大79キャラクターのデータが記録でき、カードにエンボスされた情報がそのまま入っている。また、一般に使用されている第2トラックには1キャラクタ5ビットで最大40キャラクターのデータが記録できる。データの内容は第1トラックに準じた内容となっている。

　クレジットカードは国際規格であるISOを基に、また日本のキャッシュカードは国内の銀行グループが決定した独自の規格だ。

---

*1 磁気カード：磁気ストライプカード（magnetic stripe card）の略称

▼クレジットカードの磁気ストライプ

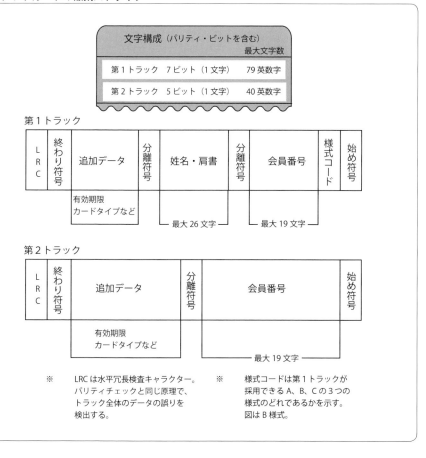

　磁気データを記録した磁気ストライプには、この長手方向にS極、N極の磁石を並べたように記録されている。このような水平に磁化する方式はフロッピーやハードディスクなどにも利用されてきた。磁気の方向を反転させる、させないといった方法でデータを記憶する。その記録方式にはNRZやFM方式があるが、カードや磁気切符など多くの記録にこのFM方式が採用されている。FM方式ではデータは特定の間隔（ビットセル）で記録され、データが1の時にはビットセル中にデータが変化し、0の時にはビットセル中では変化しない。また、ビットセルの変わる境界で反転させるといった仕組みになっており、読み取り時のタイミングを取れるようにしている。コンピュータで取り扱うデータの0と1を、このように磁気の変化のタイミングとして書き込まれるのだ。

▼磁気情報の記録方式

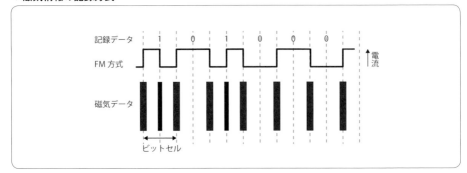

　この磁気情報を読み出したり書き込むことは意外に簡単で、コピーも簡単にできてしまう。データを読むだけならパソコンなども必要としない。磁気ビューアや磁気造影剤、磁気データの間隔の広いものなら使用済みの使い捨てカイロに使われている鉄粉をふりかけたり、鉄粉の水溶液に浸すだけで磁気データの部分に鉄粉が付着する。あとはルーペで見てゆけばデータが読める。
　この磁気の変化点に磁極があるためにここに鉄粉が集中し縦のラインとなる。FM方式ではこの縦のラインは2種類の間隔ができることになり、広い間隔がビットセルの基準となる。この間にもう1本の線が入った所が1となりビットセルの間隔の間になにもないのが0となる。

▼磁気現像。鉄粉とセロテープがあれば磁気を見ることができる

　このようなわけで磁気ストライプに貴重な情報を記録するのには向いていない。
　以前、キャッシュカードの磁気ストライプには暗証番号が記録されていた時期があった。拾ったカードの磁気データを読み出して暗証番号を知り、現金を引き出すという事件があり、それ以降は磁気ストライプに暗証番号は入れないようになった。ATM機が完全にオンライン化された現在、暗証番号はATM機の接続されたセンターのコンピュータにより認証がおこなわれる。

一方、カード情報さえあれば簡単に偽のカードが作ることができる。そこで問題になっているのがスキミングだ。ATMのカード差し込み口に偽のスキミング装置とカメラを組み込み、ユーザーの情報を抜き取るということがおこなわれている。海外でのATMの使用には細心の注意が必要だが、日本人に馴染みのないATM機だけに細工がされていないかの判断は難しい。また、店員にカードを渡してしまうのも危険だ。手のひらサイズのスキミング装置があり、目を離した隙に磁気データを読取り、何食わぬ顔で暗号の入力を盗み見るといった手法もある。暗証番号入力は片手で隠すといった注意が必要だ。
　磁気カードで安全性を高めることは大変厄介なことなのだ。

▼小型のスキミング装置（警視庁犯罪白書より）

　日本でのクレジットカード利用率は他の先進国と比較すると低い方だ。現金主義の原因はどこでも現金を下ろせることと、偽札を掴まされるといった心配がないこと。高額紙幣があることなどだろうか。もちろんお釣りもしっかり貰える。
　ネットショップの台頭やネット取引でクレジットカードの利用率は多少アップしているが、普段使いといった感じではない。
　中国やインドで普及しているQRコード決済サービスは、クレジットカードより安全で小口決済に最適かもしれない。店舗や屋台以外に誰でも登録して利用できることから、路上芸人の投げ銭にも利用されている。QRコードを読み込み、金額を入力して送信するだけだ。個人同士の送金をおこなうこともできるので、飲み会の集金にも便利で幹事は楽になるだろう。バーコードの親戚と言える日本生まれのQRコードが、ここに来てスマートフォンとの組み合わせで新たな脚光を浴びることになるとは想像もできなかったことだ。
　日本でもQRコード決済サービスが始まっているようだが、どの程度普及するか気になるところだ。

# 3-6 なぜテレホンカードは変造されたのか
**コードとカード編**

　テレホンカードを使った経験はお有りだろうか？　公衆電話用のプリペイドカードだが、携帯電話の普及で使ったことが無いという世代も増えているだろう。
　一時期には年間4億枚を売り上げたテレホンカードだが携帯電話が主流となった現在、公衆電話の維持自体が負債になっているが、災害時のために維持されている。

　カード式電話機の登場は小銭を用意しなくても良いという利便性が得られた（しかし、100円硬化を入れてお釣のでない電話機などは利用者を馬鹿にしているとしか言えなかったが）。一方では皮肉なことに変造テレカ（テレホンカード）を生み出すことになってしまった。海外からの就労者たちの間でこの変造テレカが取引きされたりした。母国に電話をかけるには日本の電話代は高すぎる。そんなこともブラックマーケットを生む要因にもなったのかもしれない。

　NTTはテレホンカードと同じ物は作れないと、たかをくくっていたように感じられる。たしかに同じような磁性体を持ったカードを作るのは容易ではないと判断したのだろう。しかし、まさか使用済みカードを使った変造テレカが出現するとは思ってもいなかったと思う。
　カード材料はポリエチレンテレフタレート。通称PET（ペット）カードなどと呼ばれる。裏面全体が磁気コーティングされ、その上が磁気隠匿層となっており鉄粉などでの磁気造影がしにくくなっている。
　データが書かれているストライプはカードの上寄りに1本で差込側に35ビット、間を空けて35ビットとデータは2つのグループに分けられ暗号化されている。また、同一残度数でも何故か様々なパターンが用意されている。
　この他、表面右下には小さな切り書きが500円カードの1個と1,000円カードの2個。そして裏面右下には500円カードに2本、1,000円カードに3本のストライプが入っている。

　NTTの想定とは裏腹に使用済みカードのパンチ穴を塞ぎ、磁気データを書き戻すだけでまた使用できると誰もが考えるであろう。磁気データをそのままコピーした

場合には、書かれているデータの意味などまったく関係がないわけだから始末が悪い。カード・リーダー・ライターが出回っており、これを使えばたやすいことだ。

　それも意外な所にカードライターがあった。カード電話機そのものだ。街角に置かれたカード電話機の盗難があり、変造カード作りに利用されたようだ。現在のカード電話機はカードの変造には使えないように改造されているそうだ。

　単にデータの書き戻しをおこなうばかりではなく、遂にはデータを解析し、金額を高めに変更してしまう方法や、0度数のカードから街中のカード電話機を使用してデータを再生するという荒業まで登場した。

　後には使用できる最高金額を引き下げることで偽造の価値を下げ、電話機のカードチェック機能も強化された。

　同一残度数で様々なパターンが用意されていることも問題となったようだ。このことが、かえってカード変造の際のデータ入れ替え（磁気ストライプの部分を切り取って入れ替える手法）の確立を高めてしまったようだ。

　また、カード式電話機の登場当初にはカード度数の上限をチェックしていなかったなど、セキュリティーに対するプログラム仕様の甘さを感じないわけにはいかなかった。

　NTTは次世代カード電話機に公衆電話に近づけるだけで利用できる非接触型ICカードを導入したが時すでに遅く、携帯電話普及による公衆電話の利用率の低下もあり、普及するには至らずサービスは終了した。

## ▌プリペイドカードの問題

　1990年、パチンコ用プリペイドカードが登場したが、それには大きな危険性を感じた。テレカで散々問題が出ていたにもかかわらずその経験が生かされることはなく、なかば強引な登場と感じられた。

　問題はそのシステムにある。偽造カードを使用されてもパチンコ店自身はまったく腹をいためないという仕組みのため、たとえ偽造カードを使用しているのを見つけても、店は知らん顔をしていれば良い。逆に大いに使ってもらえれば、それはそのまま売り上げにつながる。カードでのパチンコ玉の売り上げデータは、そのままお金に変えられるからだ。中には店自らが偽造カードを使用するという事件まで起きた。

　現在はICのカードが主流となっている。

## 切符（定期券）と自動改札機

　プリペイドカード類で偽造の話しを聞かないのは、定期券や切符の類だけだ。これはなぜだろうか。

　これには定期や切符は汎用的でない。つまり誰もが同じ乗車区間を使用するとは限らないということがあるためだろう。また、行使する場所が駅と人目につきやすい場所といったことがあげられる。

　定期の場合には捕まってしまった場合の罰金の金額などリスクが大きい（他のカードの偽造、変造についても同様だろうが）。金額が小さく手間の割に合わないといったことが考えられる。

　このような有価証券偽造の刑は3ヶ月以上10年以下の懲役となっており、行使につては未遂も処罰の対象となっているため、変造カードを買ったり貰ったりして持っているだけで法律に触れることになる。くれぐれも割に合わないことにならないようにして欲しい。

▼切符のデータ構造

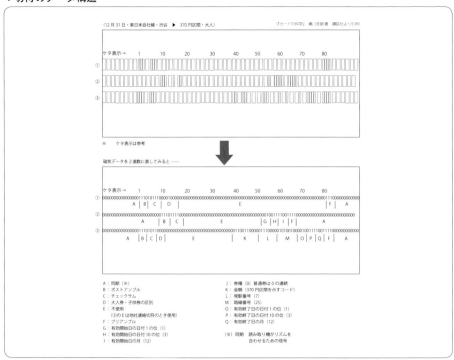

## 3-7 半導体がカードを守る ~ICカードの登場

**コードとカード編**

エレクトロニクスと暗号技術

ポスト磁気カードはマイクロプロセッサを組み込んだICカードだ。データ量が磁気ストライプに比べ格段に大きく、データの読み出し、書き込みに暗号鍵を設定でき安全性も高い。コストは量産することにより下げられるだろう。磁気カードによるクレジットカードの不正使用が増えたことから、国内では2020年までにクレジット加入店のICチップ対応を義務化した。

ICカードにはカード表面に接点を持った接触型ICカードと無線通信によりカード情報にアクセスする非接触型ICカード、双方の機能を持ったハイブリッドICカードに分類できる。

接触型ICカードはカード表面に金メッキされた端子が付いている。この端子を通してカード内部の情報の読み書きをおこなう。ICキャッシュカード、クレジットカードの他、B-CASカード、SIMカードなどに採用されている。

非接触型ICカードは物理的な接点を持たず、電波による通信によってカード内の情報にアクセスする。通信が可能な距離に応じて密着型(1~2mm)、近接型(~10cm)、近傍型(~70cm)に分類されている。

また、近接型で規格化された通信方式ではフィリップス[1]により開発されたType A。モトローラ[2]により開発されたType Bがあるが、その後の標準化提案が数多く続いたため規格策定を暫く停止し、その後にType A、Type B、SONYのFeliCa[3]を包括したNFC[4]が規格として登場した。Type AにはICテレカ、Type Bには住基カード、運転免許証、個人番号(マイナンバー)カード、ICパスポートなどに採用されている。どうやら省庁のお役人はType Bがお好きなようだ。Type Cの規格化から漏れたとはいえ、FeliCaはSuicaやICOCA、PASMOなどの交通系カード、電子マネーのEdyなど広く普及している。

ハイブリッドICカードはクレジットカードとFeliCaなど、接触型ICカードと非接触型ICカードの両方の機能を持つ。これら2つの機能を別々に載せたカードと、接触端子から接触型ICカードと非接触ICカードの両方の内容にアクセスできる2つのタイプが存在する。

▼第二世代 FeliCa IC チップ「RC-SA00」規格

| | | FeliCa ICチップ「RC-SA00」 |
|---|---|---|
| 通信方式 | | ISO/IEC 18092 (212kbpsあるいは424kbps passive communication mode)に準拠 |
| 動作周波数式 | | 13.56MHz |
| 変調方式 | | ASK変調 |
| ビットコーディング | | マンチェスター符号化方式 |
| 通信速度 | | 212kbps/424kbps 自動切替対応 |
| 不揮発性メモリー | メモリーサイズ | 6KB |
| | 自動エラー訂正機能 | 有り |
| | ユーザーメモリー | 255ブロック （※4※5） |
| メモリー分割 | | 4分割 |
| R/Wとの認証方式 | | トリプルDESあるいはAES（鍵長128ビット）による相互認証 |
| 通信路の暗号化 | | DES暗号方式あるいはAES暗号方式 |
| 搭載コマンド | | DES暗号化対象コマンド |
| | | AES暗号化対象コマンド |
| | | 非暗号コマンド |

※4: 1ブロックは16バイトです。
※5: 6ブロックの管理用ブロックを含みます。また、エリア、サービスの各定義ブロックで、2ブロック分を使用します

非接触ICカード用の次世代FeliCa ICチップを開発〜新たに高セキュリティー暗号方式AESを採用〜
https://www.sony.co.jp/SonyInfo/News/Press/201106/11-066/index.html

では、これらICカードの安全性はどうなのだろうか。

ICカードはCPUを搭載し、データは共通鍵暗号により保護されている。Suicaの場合にはユーザーがアクセスできる範囲はICカードの使用履歴と残高の参照のみと制限されている。

製造過程での問題を防ぐため、ICメーカーで製造されたICチップには鍵をかけてカード製造メーカーに発送する。ICチップを組み込んで完成したカードは指定の鍵で開けられ、内部のチェックをおこなう。

合格したカードはカードを発行するそれぞれの企業向けに別の鍵をかけて出荷するといったセキュリティ対策が取られる。カードの保存時にも鍵をかけておくことで万全の運用対策をおこなっている。

初期のFeliCaではDES暗号が用いられていたが、AES暗号が追加された。これによって情報セキュリティの国際標準規格コモンクライテリア（ISO/IEC 15408）[5]のEAL6+認証を取得した。しかし、一度開発して作ってしまえばいつまでも安全に使えるとは限らない。

FeliCaに見られるように、新たなテクノロジーの導入を常に検討して、同時に耐タンパー性[6]を向上して安全性を担保し続けてゆくことはこれら製品を扱っているメーカーの義務であろう。

このようにICカードはハード的にはセキュリティが高くなっているが、やはり問題になるのはヒューマンエラーだ。『クレジットカードとキャッシュカード』でも解説したように、暗証番号が流出しないように細心の注意が必要だ。暗証番号が誕生日など想像しうるものであったために悪用されたといった場合では、支払債務の免除が受けられないケースがあるので注意が必要だ。

▼コモンクライテリア（ISO/IEC 15408）

### コモンクライテリア（ISO/IEC 15408）について

| EALレベル | 想定されるセキュリティ保証レベル |
|---|---|
| EAL 1 | クローズドな環境での運用を前提に安全な利用や運用が保証された場合に用いられる保証レベル |
| EAL 2 | 利用者や開発者が限定されており、安全な運用を脅かす重大な脅威が存在しない場合に用いられる製品の保証レベル |
| EAL 3 | 不特定な利用者が利用できる環境、不正対策が要求される場合に用いられる製品の保証レベル |
| EAL 4 | 商用製品やシステムにおいて高度なセキュリティ確保を実現するために、セキュリティを考慮した開発と生産ラインを導入して生産される製品の保証レベル |
| EAL 5 | 特定の分野の商用製品・システムにおいて、最大限のセキュリティ確保をするためにセキュリティの専門家の支援により開発、生産された製品の保証レベル |
| EAL 6 | 重大なリスクに対抗して高い価値のある資産を保護する為に、開発環境にセキュリティ工学技術を適用して開発される特別製の製品の保証レベル |
| EAL 7 | 設定されている評価保証レベルの最高レベルであり、非常にリスクが大きい環境や高い開発費用に見合う資産を保護する為に開発された製品の保証レベル |

出典：独立行政法人情報処理推進機構「ISO/IEC 15408 ITセキュリティ評価及び認証制度パンフレット」
https://www.ipa.go.jp/security/jisec/about_cc.html

*1 フィリップス：当時のフィリップスエレクトロニクス、（現、NXPセミコンダクターズN.V.）により開発された。フィリップスはDVDやBlue-rayの提案元としても知られる。半導体部門は分社化されてNXPセミコンダクターズとなった。
*2 モトローラ：Motorola。通信機器、半導体メーカーとして知られるが、現在半導体部門は分社化されている。
*3 FeliCa：フェリカ。SONYが開発した非接触型ICカード、及び携帯端末組込み用IC。電磁誘導による給電方式で、全プロセスを暗号化も含めて0.1秒で実現する。高速化のためにFRAM（Ferroelectric RAM：強誘電体RAM）を採用している。初期のICカードカードはDES暗号方式であったが、2011年に開発された「RC-SA00」にはAES暗号方式が追加された。
*4 NFC：Near Field Communication。近距離無線通信。国際標準規格ISO/IEC 18092（NFCIP-1）周波数はVHF帯（13.56MHz）、通信距離10cm程度、通信速度は最大424kbpsと早くはない。
*5 コモンクライテリア(ISO/IEC 15408)：CC（Common Criteria）。1999年年に策定された国際的なセキュリティ共通評価基準。ソフトウェア、ハードウェア、またシステムなど保護すべきものすべてが評価の対象となる。
*6 耐タンパー性：ハードウェアやソフトウェアの内部構造やプログラム、データを外部機器などによる解析のしにくさ。

参考資料
・CC（ISO/IEC 15408）概説
　https://www.ipa.go.jp/security/jisec/about_cc.html

## COLUMN

### AIがもたらす世界

画像認識の分野でのAI応用が進んでいる。胃カメラの映像で専門医並みの精度で癌を発見したり、監視カメラで不審な挙動の人物を抽出したりと様々な応用が進んでいる。

ロサンゼルスで2018年11月に開催された米国電気電子学会（IEEE：アイトリプルイー）による生体認証のカンファレンスBTAS 2018の口頭セッションにおいて、DeepMasterPrintsと呼ばれるニューラルネットワークによる指紋の合成システムにより、指紋の特徴を集めた辞書攻撃とでも呼べる攻撃により、1/5の精度で認証可能な指紋を生成できることが発表された。

いやはや、まるでスパイ映画の世界を垣間見ているようだ。

ネットワーク・セキュリティの世界にもAIを搭載し、機械学習による予測防御を標榜する製品が登場してきている。しかし、その多くはクラウドによるデータベースとのマッチングによる製品のようで、実際にAIロジックを搭載している製品はまだ多くなさそうだ。また、AIの本当の実力を発揮するのは深層学習あってのこと。AIロジックを搭載し深層学習に対応した製品というのはまだ聞いていない。

その一方ではAIを利用しネットワーク攻撃を試みようとしている人たちも居ることだろう。ネットワークの攻防はAI同士という世界がやって来るのかもしれない。

- BTAS 2018 IEEE 9TH INTERNATIONAL CONFERENCE ON BIOMETRICS: THEORY、APPLICATIONS AND SYSTEMS
  https://www.isi.edu/events/btas2018/program_and_events
- DeepMasterPrints
  https://arxiv.org/pdf/1705.07386.pdf

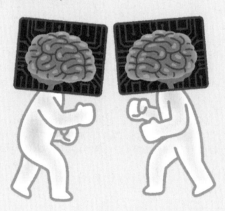

Digital
Cypher
Revolution

# 第4部
# サイバー時代の暗号技術

ここからはサイバー時代に入ってからの様々な暗号技術の基礎とその応用、変遷などを紹介する。

第1章　共通鍵暗号
1-1　共通鍵暗号の要素技術
1-2　ブロック暗号モードの操作（Block cipher modes of operation）
1-3　共通鍵暗号 DES の登場
1-4　「あみだ」から生まれた国産暗号アルゴリズム FEAL
1-5　DES から AES へ
　　　〜次世代暗号の登場
第2章　公開鍵暗号
2-1　共通鍵暗号から公開鍵暗号へ
2-2　鍵を安全に届ける数学のマジック
　　　〜DH 鍵交換
2-3　RSA 暗号の登場
2-4　公開鍵（暗号化鍵）で解読できない暗号のふしぎ
2-5　公開鍵暗号の弱点
2-6　公開鍵暗号の世代交代
　　　〜楕円曲線暗号へ
第3章　電子署名
3-1　一石二鳥, 公開暗号の効用
　　　〜電子署名
3-2　電子署名の肝　ハッシュ関数
3-3　あなたは誰?
　　　〜公開鍵の認証をどうするか
3-4　認証局がなければ
　　　〜もうひとつの認証方式
3-5　鍵事前配布方式 KPS
第4章　電子商取引
4-1　電子認証とEコマース
4-2　クレジット決済システム
4-3　クレジットから電子マネーへ
4-4　電子マネーのためのブラインド署名
第5章　埋め込まれたコード　電子透かし
5-1　著作物と電子透かし
5-2　電子透かしとは
5-3　電子透かしの新たな用途
5-4　電子透かしに代わるもの
5-5　AI の驚異が迫る
5-6　イスラエル生まれの画像化暗号ソフト
第6章　広がる暗号技術の利用と次世代暗号技術
6-1　暗号技術の解放
　　　〜大衆のための公開暗号　PGP
6-2　新しい公開鍵のカタチ
　　　〜 ID ベース暗号（IBE）
6-3　仮想通貨を繋ぐ!?
　　　〜ブロック・チェーン
6-4　迫りくる量子コンピュータの驚異
　　　〜量子コンピュータとは
第7章　暗号攻撃とタンパ・レジスタント・ソフトウエア技術
7-1　暗号攻撃法
7-2　暗号ソフトを守る
第8章　国家と暗号
8-1　米国の暗号政策
8-2　失敗した暗号管理　鍵供託システム
8-3　日本の暗号とセキュリティ政策

# 第1章
# 共通鍵暗号

　本書、前半で紹介した暗号は送信者と受信者が共通の暗号鍵を共有することにより暗号の作成(暗号化)や解読(復号)をおこなうことができた。そして、暗号のしくみと共通の鍵を秘匿することによって暗号の安全がはかられていた。この暗号化、復号に共通の鍵を用いることから「共通鍵暗号」や「秘密鍵暗号」と呼ばれるが、海外では"Symmetric-key cryptography"(対称鍵暗号)や"Symmetric-key algorithm"(対称鍵方式)、"Secret key cryptosystem"(秘密鍵暗号)、また秘密鍵を"Symmetric-key"(対称鍵)、"Secret key"(秘密鍵)と呼ぶのが一般的なようだ。

　共通鍵暗号の技術を利用して「ユーザー認証」、「メッセージ認証」などデータの改ざんの防止や検出にも利用されるようになった。

　この共通鍵暗号の要素技術にはブロック暗号またはストリーム暗号、疑似乱数発生器、ハッシュ関数などが利用される。

▼共通鍵方式

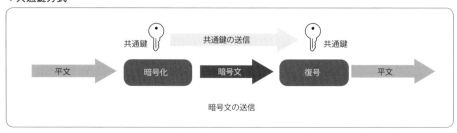

# 1-1 共通鍵暗号の要素技術

## 共通鍵暗号

### (1) ブロック暗号 (Block cipher)

　ブロック暗号は平文を暗号により決められたサイズで分割し(この分割したものを「ブロック」と呼ぶ)、このブロック単位で暗号化をおこなう方式を言う。

　ブロック暗号では置換や転置などを組み合わせた処理をおこなうが、このひとかたまりの処理を「ラウンド関数」、または単に「ラウンド」と呼び、この処理を複数回繰り返すことで、暗号をより複雑化する。

　ラウンド関数には「Feistel(ファイステル)構造」、「SPN構造[*1]」のほか、それらを変形した構造が用いられる。SPN構造はFeistel構造の中で、F関数として用いられる。

　Feistel構造の利点は逆変換するのが容易で軽量なことである。しかし撹拌効率は低く、ラウンド数を増やす必要がある。

　SPN構造はFeistel構造と比較して撹拌効率は高い。しかし、暗号化と復号を共通化できないため、プログラム化した場合にはコードサイズ、また半導体に組み込んだ場合の回路規模はFeistel構造と比較して大きくなる。

▼ Feistel 構造と SPN 構造

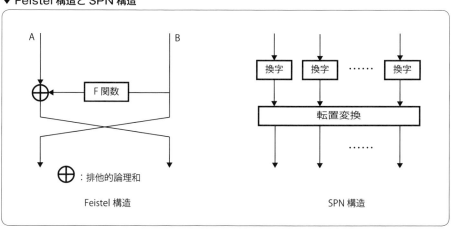

## (2) ストリーム暗号 (Stream cipher)

　ブロック暗号に対して平文をビット単位、あるいはバイト単位などで逐次暗号化する暗号化方式をストリーム暗号と言う。ストリーム暗号では暗号鍵をシード (seed、種) として鍵ストリームと呼ばれる疑似乱数[2]を作成し、平文との排他的論理和[3]を求めることで暗号化をおこなう。音声や無線を利用したデータ通信、動画などの暗号化に利用される。

## (3) ハッシュ関数 (hash function)

　ハッシュ関数は入力するデータ長に関係なく、決まった長さのデータとして出力する関数で、改ざんの検出、署名、認証などに利用される。特に仮想通貨においては重要な要素技術の1つとなっている。フィンガー・プリント (指紋)、メッセージダイジェスト (要約) などとも呼ばれる。

---

[1] SPN構造：Substitution Permutation Network Structure 。換字処理 (substitution)、転置処理 (permutation) ネットワーク構造

[2] 疑似乱数：Cryptographically secure pseudo random number generator：暗号的に安全な擬似乱数生成器　乱数列は規則性が無く予測不可能な数列だが、疑似乱数列は乱数のような数列であるが計算によって求められる。

[3] 排他的論理和：Exclusive OR、XOR、エクスクルーシブ・オア。排他的論理和は2進数において、2つの値が一致した時に0、一致しない時に1になる。

# 1-2 ブロック暗号モードの操作 (Block cipher modes of operation)
**共通鍵暗号**

　ブロック暗号モードの操作(演算)は、ブロック暗号を使用して機密性や信頼性などの情報サービスを提供するアルゴリズムである。ブロック暗号は、ブロックと呼ばれる1つの固定長グループのビットの安全な暗号化、または復号にのみ適している。動作モードは暗号の単一ブロック動作を繰り返し適用して、ブロックよりも大きなデータ量を確実に変換する方法で、以下に主なモードを説明する。

## (1) ECB (Electronic Codebook) モード

　ECBモード(電子コードブックモード)はブロック毎に暗号化、復号をおこなう基本的なモード。暗号文を通信相手に送信する時に特定ブロックにエラーが発生した場合、復号時に他のブロックにエラーは及ばない。

　ECBモードでは暗号化、復号に同じ鍵を利用しており、同じ平文ブロックを暗号化すると、常に同一の暗号文ブロックが生成される。そのためデータのパターンを隠蔽できない脆弱性が存在する。

▼ECB（電子コードブック）モード

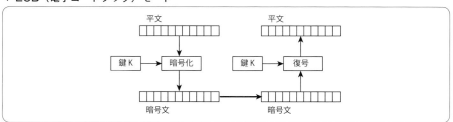

## (2) CBC (Cipher Block Chaining) モード

　CBCモード(暗号ブロック連鎖モード)は平文ブロックを暗号化する前に、直前に暗号化した暗号文ブロックと排他論理和演算をおこなったものを暗号化する。先頭のブロックは初期値と排他論理和演算をおこなう。これによりECBモードの欠点を補うことができる。このような方式のため、鍵が変わらなくても初期値が異なると、暗号文も変化することになる。

　暗号文を通信相手に送信する時に特定ブロックにエラーが発生した場合、そのブ

ロックと次のブロックは正しく復号することはできないが、それ以降には影響を及ぼさない。初期値は秘密にする必要は無い。

▼ CBC（暗号ブロック連鎖）モード

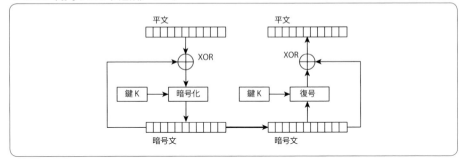

(3) CFB（Cipher Feedback）モード

　CFBモード(暗号帰還モード)は最終的に出来上がった暗号文を、rビットずつシフトレジスタに入力しながら暗号ストリームを生成し、ここからrビットを取り出し、平文と排他論理和演算により暗号化をおこなってゆく。この方式ではブロック内でエラーが生じても、エラーの影響はブロック内に収まる。

　以下の手順で暗号化をおこなう。

① nビットの初期値をシフトレジスタにセットする。
② 初期値を暗号鍵Kで暗号化し、暗号鍵ストリームを生成する。
③ 生成された暗号文からrビット分を左側から抽出する。
④ 平文の1ブロックの先頭からrビット分を、暗号文から抽出したrビットと排他論理和演算により暗号文を得る。この結果は暗号文の出力とシフトレジスタの入力(⑤)に使われる。
⑤ 排他論理和演算から得たrビットをシフトレジスタの右側に結合し、左側のnビットは切り捨てられる。
⑥ これを繰り返し、平文は次のrビットを取り出して暗号鍵ストリームと排他論理和演算し、次のrビットの暗号文を作ってゆく。

▼CFB（暗号帰還）モード

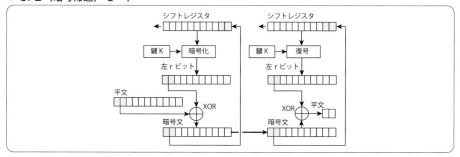

## (4) OFB (Output Feedback) モード

OFBモード（出力帰還モード）はCFBモードに似ているが、シフトレジスタを暗号化した値をすぐにレジスタに戻すことで、暗号鍵ストリームブロックを生成する。これを元に取り出したrビットのデータを平文と排他論理和演算により暗号文を生成する。排他論理和演算の対称性のため、暗号化と復号化手順はまったく同じだ。

以下の手順で暗号化をおこなう。

① nビットの初期値をシフトレジスタにセットする。
② レジスタの初期値を暗号鍵Kで暗号化し、暗号鍵ストリームを得る。
③ 生成されたnビットの暗号文をレジスタに入力する。
④ レジスタに入力する一方、rビット分を左側から抽出し、平文からrビット分を取り出し、排他論理和演算により暗号文がrビット分作成される。
⑤ これを繰り返し、平文は次のrビットを取り出して暗号鍵ストリームと排他論理和演算し、次のrビットの暗号文を作ってゆく。

▼OFB（出力帰還）モード

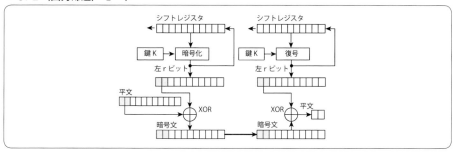

参考資料
ブロック暗号モードによって暗号化、復号をおこなう「暗号利用モード」は標準規格ISO/IEC 10116 (Information technology - Security techniques - Modes of operation for n-bit block cipher) で規定されている。

# 1-3 共通鍵暗号DESの登場

**共通鍵暗号**

　戦中、戦後を通して米国は暗号の重要性を認識していた。そして1973年、米国商務省標準局（NBS：National Bureau of Standards）は商用暗号の標準化を目指して暗号アルゴリズムの公募をおこなった。これに対して候補となったのが1974年にIBMにより開発され提案されたLuciferであった。そしてLuciferを基にできあがったものがデータ暗号化規格、DES（Data Encryption Standard）として1977年に公布された。

　また、米国規格協会（ANSI）も1981年にDESをDEA（Data Encryption Algorithm）という名称で標準化している。

　しかし、商用とはいえ暗号は安全保障上重要であるという観点から、米国国防総省の安全保障局（NSA：National Security Agency）は当初、DESの仕様を公表しないようにとの要請をおこなっている。

　このような経緯からDESへのNSAの関与、国家が暗号を解読するためのなんらかの仕掛けが組み込まれているのではないかとの疑念も持たれた。しかし、1976年にDESに弱点が見当たらないことと、NSAはDESの開発に関与していないとの発表をおこなったことがDESの安全性に対する評価と受け取られ、DES普及のはずみとなった。

　暗号の安全保障に対する政策は輸出規制となって現れた。暗号の海外への輸出には共通鍵暗号は40ビット以下、公開鍵暗号は512ビットの鍵に制限された。ただし、認証のみのシステムでは制限されていない。このような制限のためウェブ・ブラウザNetscape Navigatorなどで使用されたRSA公開鍵暗号（P-170参照）も国内用と海外用の2バージョンが用意されたのだ。現在では制限されたこの鍵の長さは決して安全と言えるものではない。米国政府では輸出制限をおこなったものの、ウェブ上からは米国国内版を入手することが可能であった。また、DESの暗号アルゴリズムが発表されていたので、これを基に作成することもできてしまった。当時の暗号政策には多くの矛盾が存在していた。

　DESは1ブロック64ビット[*1]で8バイト（64bit）の鍵データと、1バイト[*2]のパリティからなる。暗号の鍵は暗号の作成者と受信者が共有する方式だ。

　当時DESには並列処理をおこなう専用ハードウエアが必要とされ、製造も許可制

により限られていたため、その安全性の評価もできなかったが、コンピュータの発達した現在では、ソフトウェアだけで使用できるポピュラーな暗号になっている。UNIXのログイン時のユーザー認証や電子メール（E-mail）、ネットワーク機器などにも使用されている。

　当時の暗号技術の総決算であるDESには、発表から10年以上も後に考案され発表された差分解読法[*3]に対する対策が既に考慮されていた。あらゆる攻撃法も考慮しながら暗号化のアルゴリズムを組み立てていったということだ。

　アルゴリズムがわかるとすぐに解けてしまうシーザー暗号や戦中に使用された暗号と比較しても大変な進歩だ。

## DESのしくみ

　DESによる暗号化を図で現すとこのようになる。

▼64ビットの鍵がセットされているDESに、平文64ビットを入れると暗号文64ビットが出力される

　暗号化は平文を64ビットずつに区切って処理がおこなわれることになる。64ビットは8バイトなので日本語（全角文字）を処理する場合には、1文字2バイトなので一度に4文字ずつ暗号化されることになる。

---

*1 ビット(bit)：コンピュータのデータの最小単位。1ビットは0または1で表現される。64ビットは64個の0と1の組合せによる羅列となる。
*2 バイト(Byte)：8ビット＝1バイト
*3 差分解読法：平文と暗号文の違いから鍵を復元する手法。

## （1）DESの内部処理

　DESの暗号化処理は64ビットのデータを初期転置（スクランブル）をおこない、32ビットずつに分けたデータを、64ビットの1個の暗号鍵から生成された16個の鍵で次々と非線型処理[1]をおこない、再び転置をおこなうといった仕組みである。暗号鍵は8ビット毎に1ビットのパリティビット[2]が含まれており、実際に使われる鍵サイズは56ビットとなる。

▼左：暗号化プロセス（暗号化処理）／右：鍵スケジュール（内部鍵生成）

## （2）初期転置と最終転置

　初期転置と最終転置は64ビットのデータをランダムに入れ替える処理をおこなう。この転置方法は図（EDS転置マップ）のように公開されている。

150

## ▼ EDS 転置マップ

```
          初期転置                      最終転置
        ㊳ 50 42 34 26 18 10  2    40  8 48 16 56 24 64 32
         60 52 44 36 28 20 12  4    39  7 47 15 55 23 63 31
         62 54 46 38 30 22 14  6    38  6 46 14 54 22 62 30
         64 56 48 40 32 24 16  8    37  5 45 13 53 21 61 29
         57 49 41 33 25 17  9  1    36  4 44 12 52 20 60 28
         59 51 43 35 27 19 11  3    35  3 43 11 51 19 59 27
         61 53 45 37 29 21 13  5    34  2 42 10 50 18 58 26
         63 55 47 39 31 23 15  7    33 ① 41  9 49 17 57 25
```

64ビットデータの転置後のビット配置

左上が1ビット目で8ビットずつ並べている。
例えば58ビットは初期転置で1ビットに転置され、
最終転置で元の位置に戻っている。

　この図はデータを入れ替えた後の元のデータ位置を現す。つまり、最初の58は入力したデータの58ビット目を、初期転置後の1ビット目に移動することを現す。
　また、最終転置では初期転置で入れ替えたデータを元に戻すように転置されていることがわかる。

## ▼ DESのf関数処理の構成

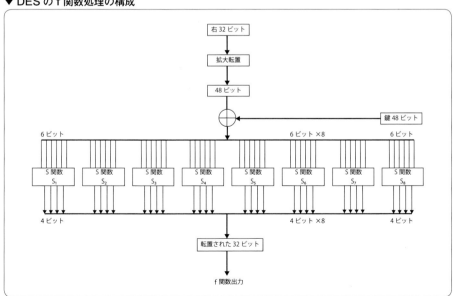

## (3)内部鍵生成部

　この内部鍵生成部は64ビットの共通鍵から暗号処理に使用するための48ビットの16種類の鍵を生成する。

## (4)暗号処理部

　暗号処理部では64ビットのデータを半分ずつに分けて処理をおこなう。右32ビットのデータは出力の左32ビットとなる。また、このデータと48ビットの鍵データによる暗号化関数により非線型処理され、この結果と入力の左32ビットの排他的論理和を求め右32ビットに出力される。この処理を16種類の鍵で次々とおこなう(Feistel構造)。

## (5)暗号化関数[3]

　まずここに入力された右32ビットのデータは拡大転置によりデータサイズ拡張がおこなわれる。ここでは次のEビット選択テーブル(E BIT-SELECTION TABLE)に従い、その入力のビットを順番に選択することで得られる。

▼Eビット選択テーブル

| | | | | | |
|---|---|---|---|---|---|
| 32 | 1 | 2 | 3 | 4 | 5 |
| 4 | 5 | 6 | 7 | 8 | 9 |
| 8 | 9 | 10 | 11 | 12 | 13 |
| 12 | 13 | 14 | 15 | 16 | 17 |
| 16 | 17 | 18 | 19 | 20 | 21 |
| 20 | 21 | 22 | 23 | 24 | 25 |
| 24 | 25 | 26 | 27 | 28 | 29 |
| 28 | 29 | 30 | 31 | 32 | 1 |

　この配列は32ビットデータを48ビットデータに拡大したときのデータの順番である。32ビット目が先頭にきて1‥‥‥5。4、5ビット目を重複して‥‥‥といった具合に各行の最後の2つを重複、最後の2つは先頭に付加してデータを拡大する。

　このデータは鍵と演算がおこなわれ、その結果を6ビットずつのブロックに区切られ、それぞれ異なった換字表を持ったS関数[4]に入力される。

　S関数では6ビットのデータから4ビットずつの出力に変換され、ふたたび32ビットのデータに合成される。

S関数での変換は以下のようにおこなわれる。

S関数には16×4の換字表を各S関数毎に持つ。この換字表には上の0行から3行それぞれに、0から15までの数字がランダムに並べられている。

▼S関数の換字表（S1）

| No. | 0 | 1 | 2 | 3 | 4 | 5 | 6 | 7 | 8 | 9 | 10 | 11 | 12 | 13 | 14 | 15 |
|---|---|---|---|---|---|---|---|---|---|---|---|---|---|---|---|---|
| 0 | 14 | 4 | 13 | 1 | 2 | 15 | 11 | 8 | 3 | 10 | 6 | 12 | 5 | 9 | 0 | 7 |
| 1 | 0 | 15 | 7 | 4 | 14 | 2 | 13 | 1 | 10 | 6 | 12 | 11 | 9 | 5 | 3 | 8 |
| 2 | 4 | 1 | 14 | 8 | 13 | 6 | 2 | 11 | 15 | 12 | 9 | 7 | 3 | 10 | 5 | 0 |
| 3 | 15 | 12 | 8 | 2 | 4 | 9 | 1 | 7 | 5 | 11 | 3 | 14 | 10 | 0 | 6 | 13 |

変換方法は以下の通りである。

①S関数への入力データの最上位ビットと最下位ビットを取り出し、この2進数を10進数に変換する。ここで得られる数値0から3までがそれぞれの行を選択する値となる。

②次に最上位ビットと最下位ビットを除いた4ビットを10進数に変換する。ここで得られる数値0から15までが選択した行の何番目を選ぶかの値となる。

③ここで得られた値を4ビットの2進数で出力する。

各S関数から出力されたデータは次の置換テーブルでビットの並び替えをおこない、32ビットのデータとしてまとめられ出力される。

▼S関数出力の置換テーブル

| | | | |
|---|---|---|---|
| 16 | 7 | 20 | 21 |
| 29 | 12 | 28 | 17 |
| 1 | 15 | 23 | 26 |
| 5 | 18 | 31 | 10 |
| 2 | 8 | 24 | 14 |
| 32 | 27 | 3 | 9 |
| 19 | 13 | 30 | 6 |
| 22 | 11 | 4 | 5 |

ここでは入力されたデータと鍵により出力される結果との相関関係は換字表の挿入により掴むことはできない。このような処理を非線型処理と言う。

---

*1 非線型処理：四則演算やシフトだけでは実現できない処理を非線形処理と言う。このようにして作られた暗号は逆関数などを使用して鍵を得ることが困難になる。

*2 パリティビット：データの誤り検出訂正用に付け加えられた符号。パリティビットは２進数の７ビットのデータに１が偶数個あるか、または奇数個あるかのどちらかの判定方法を用い、結果が正の場合には１を、そうでなければ０をパリティビットとして１ビット付け加える。７ビットのデータとパリティビットを比較することでデータが正しいかどうか判定する手法をパリティチェックと呼ぶ。

*3 関数：関数と言うと難しそうだが、コンピュータではお互いに対応関係にあることを関数と言う。a=a+b（a+bを左辺のaに代入する）といったのも関数である。

*4 S関数：S関数または substitution box/S-BOX。平文と暗号文の相関を壊すための仕組み。

参考資料

- （FIPS PUB 46-3）FEDERAL INFORMATION PROCESSING STANDARDS PUBLICATION , 1999 October 25
  U.S. DEPARTMENT OF COMMERCE/National Institute of Standards and Technology DATA ENCRYPTION STANDARD（DES）
  https://csrc.nist.gov/

## DESの安全性と欠点

　IBMがLuciferを考案した時には鍵長は128ビットであったが、DESが公布された時には鍵長は64ビットと短くなってしまった。当時のコンピュータの能力などから、このように短くしてしまったことが考えられる。

　現在、アルゴリズは公表されているものの、その鍵の割り出しには「総当たり攻撃」という鍵をしらみつぶしに試す方法をおこなうとすると、この64ビットの鍵から生成できる内部鍵の組み合わせは2の64乗と膨大な数になり、この鍵を求めるためには現在でも多くの演算時間を必要とするのだが、1億円程度で専用の解読機を製作すれば、数時間で暗号化の鍵を見つけられるという。ところが1億円を掛けなくても一般のパソコンを使用し、わずか39日でこのDES暗号が解読されてしまった。解読されたのは1998年2月23日、米国RSAデータ・セキュリティーが主催している暗号解読コンテストでのこと。総当たり攻撃で22,000人の参加者、5万台以上のパソコンを導入して解読されたものだ。

　RSAデータ・セキュリティーがなぜこのようなことをするのだろうか。これには米国政府の輸出規制緩和への訴えがある。現実には特定の目的を持った暗号攻撃者によって、このようにして暗号が解読されるということは考えられないが、輸出ができる64ビットの鍵では安心して利用してもらえないというのがその訴えであり、安全を売る商売としては当然の成りゆきだったのかもしれない。それにしてもさすがに自社のRSA公開鍵暗号を、暗号解読コンテストのターゲットにする勇気はなかったのかもしれない。

　さすがに当時は、現在のコンピュータ技術の進歩と普及は想像もつかなかったことだろう。マイクロプロセッサに組み込まれるトランジスタの数は2年で2倍という1972年に提唱されたムーアの法則[*1]に沿って規模が大きくなり、それに伴うコンピュータの性能も右肩上がりで向上を続けて来た。暗号の安全性は確実に低下することに違いはない。

　暗号は多重に暗号化すると強度が増すような印象を受けるが、実際にはアルゴリズムによってはまったく効果がない場合がある。カエサル暗号では多重に暗号化しても暗号強度は向上しないことはおわかりいただけるだろう。このことを「カエサル暗号は群れをなす」と言うが、「DESは群れをなさない」ことが1993年に論理的に証明されている。

　このことから暗号の強度を上げるために、効率は良くないものの多重に暗号化することによる強化への対応が可能なのだ。たとえば3重に暗号化する方法(triple-DES)が用いられることが多い。これはDESが生き残るための1つの方策になった。

このような暗号強度の低下もあってか、米国は次世代の標準共通鍵暗号 AES（Advanced Encryption Standard）のアルゴリズムの公募を始めた。

　DESは機器への組み込み使用をする上でいくつかの欠点がある。機器への組み込みをおこなう場合、暗号化処理のためのデータサイズがマイクロプロセッサのレジスタ長と整合しないために、データ処理に冗長度が生じてしまう。

　効率的な処理をおこなうためには8ビットまたは16ビット、これらの倍数であることが望ましい。また換字用の乱数表へのアクセスも問題となる。

　乱数表を多く持つことは、プログラムサイズを大きくすることになる。また、決まった乱数表を使用しているために規則性を解読される危険性が高まってしまう。

　ポストDESの暗号化アルゴリズムがいろいろ開発されているが、このような欠点を避けマイクロプロセッサ向きに開発された暗号にNTTの開発したFEALがある。

---

*1 ムーアの法則：Moore's law。米国インテル社の創業者のひとり、ゴードン・ムーア（Gordon E. Moore）の論文で発表された集積回路の規模拡大の法則。2010年代後半にはムーアの法則のペースは維持できなくなる見方が広がり、2017年5月にはNVIDIAのジェンスン・ファン（Jensen Huang）が「ムーアの法則は終わった」と言及している。

参考資料

• 暗号解読コンテスト

　http://www.rsa.com/rsalabs/97challenge

# 1-4 「あみだ」から生まれた国産暗号アルゴリズムFEAL

**共通鍵暗号**

米国の暗号輸出規制により、日本国内での暗号需要に対して新たに暗号アルゴリズムを開発しなければならないと国内大手電気メーカーは考えていた。そんな中、日本電信電話公社（現NTT）では1974年にIBMが発表したネットワーク・アーキテクチャーSNA（Systems Network Architecture）に刺激を受け、SNAに対抗できるアーキテクチャーの必要性と同時に、暗号アルゴリズムの必要性も感じ始めていた。

1985年の電気通信事業の自由化を目前にして、セキュリティー技術の核となる暗号技術は、通信サービスに対する付加価値として欠かせないものと考えるようになっていたのだ。DESに代わる新たなアルゴリズムで十分な強度が得られ、コンパクトなプログラムでマイクロプロセッサでの処理に向くといった要求仕様で開発がおこなわれた。ブロック暗号をソフトウエアで実現して、ICカードへの搭載などを考えていた。

そして1987年に発表されたのが、機器組込みに向いた高速暗号化アルゴリズムFEAL（Fast Data Encipherment Algorithm）であった。

FEALは平文データの変換回数を変えることができ、最初に発表されたものは変換回数が4回であったことから「FEAL-4」と呼ばれるが、暗号強度を上げるために変換回数を増やしていった。最終的に使用者が自由に変換回数を設定（ラウンド数32以上を推奨）できることから「FEAL-N」と表記している。

DES暗号で問題となる暗号化関数での換字表の参照は大きな負荷となるため、FEALではこれをマイクロプロセッサの演算で実現している。できあがったプログラムサイズは400バイト以下と、コンパクトながら平文の攪拌効率はDESの約3倍に高まった。

平文データの攪拌方法は「あみだ」からヒントを得たものであった。

FEALの特許「データ拡散装置」は1997年度の通商産業大臣発明賞を受賞している。

## FEALのしくみ

FEALはブロック長64ビットの平文データを、64ビットの共有鍵で暗号化をおこない、暗号文も64ビットで出力される。

内部処理は8ビット、16ビット、32ビットで処理されるためマイクロプロセッサ

サイバー時代の暗号技術

での処理でも冗長性が生じない。また、乱数表などを持たないためプログラムサイズもコンパクトにできる。

## (1)FEALの内部処理

　入力された平文データは共通鍵と排他的論理和を計算した後、左右32ビットずつのブロックに分ける。

　暗号化関数は共通鍵から生成された16ビットの内部鍵と、左右32ビットの排他的論理和を求めたものでおこなわれる。左32ビットは次段の右ブロックに、入力された右ブロックは暗号化関数の出力との排他的論理和を計算した後、右ブロックに出力される。

　この処理を繰り返すが、この繰り返しの回数NをFEAL-Nで表す。段数は4、8、16、32段が利用可能だが、暗号強度から32段のFEAL-32Xが推奨されている。

▼ FEALのアルゴリズム構成（左：暗号化プロセス / 右：内部鍵生成部）

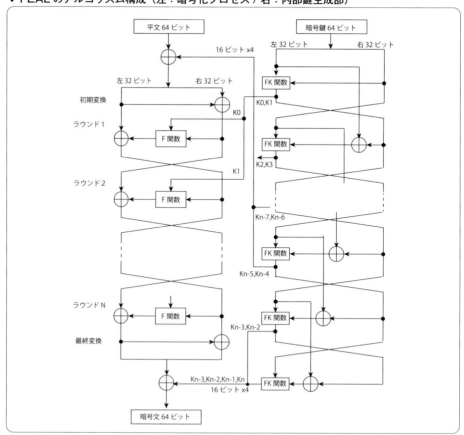

## (2)暗号化関数

暗号化関数内部ではあみだ状にデータの攪拌がおこなわれる。

右ブロックから入力された32ビットのデータは、8ビットずつの4ブロックに分割される。それぞれのブロックは16ビットの内部鍵や、それぞれ他のブロックとの排他的論理和、S関数などにより各ブロック間を直接、間接に関連付けがおこなわれ、データの偏りが発生しないように工夫されている。

S関数では8ビットずつの加算と1ビットの加算、データの2ビット左シフトがおこなわれてから出力される。S関数から出力された8ビットのデータは32ビットに合成されて左ブロックとの演算に利用される。

▼ FEAL-N の F 関数, FK 関数（左：F 関数 / 右：FK 関数）

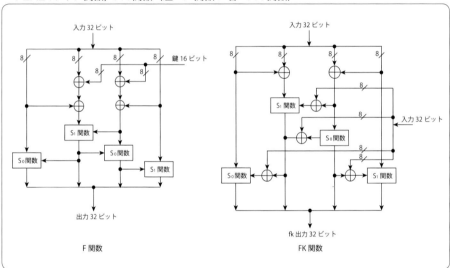

▼ FEAL-N の S 関数

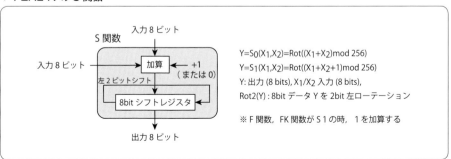

## FEALの安全性

　FEALの安全性の評価は様々だ。FEALの発表から1年あまりで、オランダの学者から選択平文攻撃に弱いと指摘を受けた。そこでFEAL-4の強化版FEAL-8を発表したが、1989年の春にはイスラエルの著名な暗号研究者シャミアー(A.Shamir)が、選択平文攻撃法により暗号が破れることを実証した。実はこれが翌年に発表される差分攻撃法(P-230参照)であった。実際の使用環境で暗号解析に必要なだけのデータを得られるような条件が揃うとは限らないが、NTTは威信をかけていただけにこれを放置できず、暗号強度を高めたFEAL-8を100万円の懸賞金付きで解読を公募した。1989年8月から2年間解読したという報告はなかった。

　差分解読法で解読できることがわかったが、FEAL-16の解読には$2^{29}$個の選択平文[*1]が必要であるほか、FEAL-32の解読には$2^{66}$個の選択平文が必要となることから実用上の問題は殆ど無いとNTTは発表している。

　総当たり攻撃では平均$2^{63}$回の暗号化処理をおこなわなければならない。

　FEALはICカードやファクシミリや電話回線暗号化装置、ネットワーク用のファイア・ウォールなどで広く使われることとなった。

　FEALは16ラウンドでDES並の強度と評価されていたが、1990年には暗号強度を上げるためにラウンド数を選択できるFEAL-Nのほか、同バリエーションとして暗号鍵サイズに128ビットを選択できるFEAL-NXを発表している。

---

*1 選択平文:攻撃者が暗号の解読のために用意した平文。

# 1-5 DESからAESへ ～次世代暗号の登場

**共通鍵暗号**

米国商務省標準局により標準化されたDESは、鍵長が短いことから安全性の低下が懸念されてきた。1997年、米国の国立標準技術研究所（NIST）[*1]はDESの後継となる共通鍵方式の暗号AES[*2]を公募した。

NISTは2030年まで利用する予定の暗号方式では112ビットの安全性を持つこと。それ以降も利用する場合には128ビットの安全性を持つ暗号方式を利用することなどを条件とし、これに世界中から21の方式が提案され、2000年10月にベルギーの暗号学者ホァン・ダーメン（Joan Daemen）とフィンセント・ライメン（Vincent Rijmen）により開発されたRijndael（ラインダール）という暗号化方式が選ばれた。

選定ではそのプロセスの透明性を高め、研究者による分析、評価情報の公開もおこなった。

AESはDESと異なり鍵長が3種類から選択可能な共通鍵方式のブロック暗号である。

2001年11月、FIPS PUB 197[*3]として公開され、鍵長は128／192／256ビットの3種類、ブロック長は128ビットの固定長がAES規格となった。この鍵長により「AES-128」「AES-192」「AES-256」と呼ばれる。2002年5月26日、商務長官の承認を得て連邦政府の標準として有効になった。これは ISO/IEC 18033-3規格に含まれる。また、これは国家安全保障局NSAに承認された最初で唯一の公的な暗号となった。

▼ AESのバリエーション

|  | ブロック長(Nb) | 鍵長(Nk) | ラウンド数（Nr） |
|---|---|---|---|
| AES-123 | 128bit(4) | 128bit(4) | 10 |
| AES-192 | 128bit(4) | 192bit(6) | 12 |
| AES-256 | 128bit(4) | 256bit(8) | 14 |

Nb：入力ブロック長/32
Nk：鍵長/32
Nr：Nr = ラウンド数

サイバー時代の暗号技術

## AESのしくみ

　AESのラウンド関数はSPN構造になっておりFeistel構造は使われていない。データブロックはラウンド関数内で8ビット単位で変換される。ラウンド関数の段数は鍵長により10、12、14段のいずれかとなる。

　ラウンド関数は3種類の変換部によって構成されており、線形変換層（bitシフト等）、非線形変換層（換字変換）、拡大鍵変換層（拡大鍵との排他的論理和）という順番で変換がおこなわれる。

　鍵スケジューリング部では、ブロック長と同じ長さの拡大鍵が(r+1)個(rは段数)生成される。鍵スケジューリング部の変換には、データランダム化部のbitシフトと換字変換が利用される。

▼ AES-128 ブロック図（左：暗号化プロセス / 右：鍵スケジュール部）

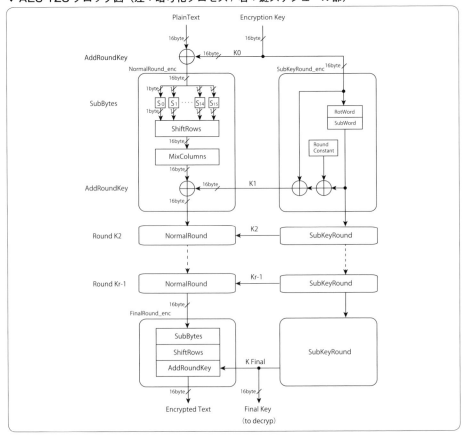

ではAES-128を例に説明していこう。

## (1) 入力データのAddRoundKey処理

平文は128ビット（16バイト）ずつのブロックに分割し、暗号処理に入力される。平文は128ビットの暗号鍵との排他論理和を求め繰り返し処理に入力される。

## (2) SubByteによる置換

入力されたデータはバイト単位に置換テーブルにより置換され、バイト単位で出力される。非線形のバイト置換である。

▼ SubByte の置換テーブル

| | | y | | | | | | | | | | | | | | | |
|---|---|---|---|---|---|---|---|---|---|---|---|---|---|---|---|---|---|
| | | 0 | 1 | 2 | 3 | 4 | 5 | 6 | 7 | 8 | 9 | a | b | c | d | e | f |
| x | 0 | 63 | 7c | 77 | 7b | f2 | 6b | 6f | c5 | 30 | 01 | 67 | 2b | fe | d7 | ab | 76 |
| | 1 | ca | 82 | c9 | 7d | fa | 59 | 47 | f0 | ad | d4 | a2 | af | 9c | a4 | 72 | c0 |
| | 2 | b7 | fd | 93 | 26 | 36 | 3f | f7 | cc | 34 | a5 | e5 | f1 | 71 | d8 | 31 | 15 |
| | 3 | 04 | c7 | 23 | c3 | 18 | 96 | 05 | 9a | 07 | 12 | 80 | e2 | eb | 27 | b2 | 75 |
| | 4 | 09 | 83 | 2c | 1a | 1b | 6e | 5a | a0 | 52 | 3b | d6 | b3 | 29 | e3 | 2f | 84 |
| | 5 | 53 | d1 | 00 | ed | 20 | fc | b1 | 5b | 6a | cb | be | 39 | 4a | 4c | 58 | cf |
| | 6 | d0 | ef | aa | fb | 43 | 4d | 33 | 85 | 45 | f9 | 02 | 7f | 50 | 3c | 9f | a8 |
| | 7 | 51 | a3 | 40 | 8f | 92 | 9d | 38 | f5 | bc | b6 | da | 21 | 10 | ff | f3 | d2 |
| | 8 | cd | 0c | 13 | ec | 5f | 97 | 44 | 17 | c4 | a7 | 7e | 3d | 64 | 5d | 19 | 73 |
| | 9 | 60 | 81 | 4f | dc | 22 | 2a | 90 | 88 | 46 | ee | b8 | 14 | de | 5e | 0b | db |
| | a | e0 | 32 | 3a | 0a | 49 | 06 | 24 | 5c | c2 | d3 | ac | 62 | 91 | 95 | e4 | 79 |
| | b | e7 | c8 | 37 | 6d | 8d | d5 | 4e | a9 | 6c | 56 | f4 | ea | 65 | 7a | ae | 08 |
| | c | ba | 78 | 25 | 2e | 1c | a6 | b4 | c6 | e8 | dd | 74 | 1f | 4b | bd | 8b | 8a |
| | d | 70 | 3e | b5 | 66 | 48 | 03 | f6 | 0e | 61 | 35 | 57 | b9 | 86 | c1 | 1d | 9e |
| | e | e1 | f8 | 98 | 11 | 69 | d9 | 8e | 94 | 9b | 1e | 87 | e9 | ce | 55 | 28 | df |
| | f | 8c | a1 | 89 | 0d | bf | e6 | 42 | 68 | 41 | 99 | 2d | 0f | b0 | 54 | bb | 16 |

## (3) ShiftRowsによるバイト位置入れ替え

ShiftRows変換ではバイト単位で順番の入れ替えをおこなう。最初の4バイト（r=0の行）はシフトされない。

シフト値は4バイト増える毎にシフト量は1増える。出力は入力と同じ16バイトで変わらない。

▼4×4列の行優先順位（row-major order）でシフト処理される

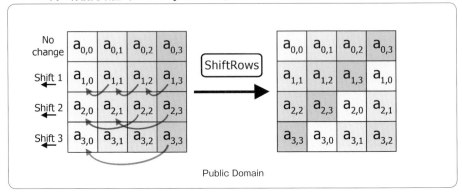

## (4) MixColumnsによるバイト位置入れ替え

MixColumns変換ではShiftRows変換同様、暗号の拡散（線形処理）をおこなう。

配列の各列に行列が乗算される。これは4項の多項式 $GF(2^8)$*4を乗算することとみなされる。

▼ MixColumns の置換テーブル　4×4列の列優先（Column-major order）で処理される

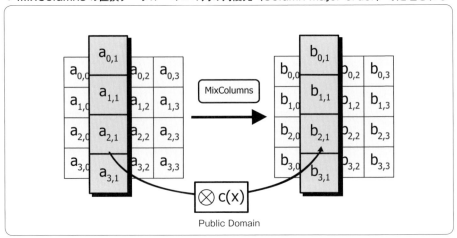

▼ MixColumn 回路

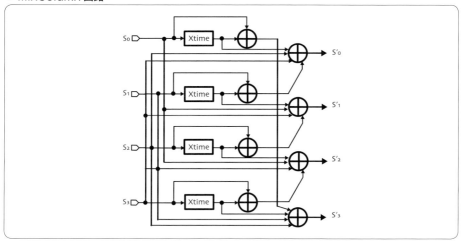

## (5) AddRoundKey 変換

AddRoundKey 変換では、鍵スケジュールからの入力の排他論理和を出力する。

## (6) 繰り返し処理

鍵長に応じた回数、繰り返す。(P-161 AESのバリエーションを参照)

## (7) 後処理

最後にSubBytes、ShiftRows、AddRoundKeyをおこなって暗号結果を出力する。

## (8) 鍵スケジュール

AESアルゴリズムは暗号鍵Kを受け取り、鍵スケジュールを生成する鍵拡張ルーチンを実行する。

鍵拡張は合計Nb(Nr + 1)ワードを生成する。アルゴリズムはNbワードの初期セットを必要とし、Nrラウンドの各々は鍵データのNbワードを必要とする。

RotWord ……………… キー拡張ルーチンで使用される関数で、4バイトのワードを取り、巡回置換を実行する。
SubWord ……………… キー拡張ルーチンで使用される関数で、4バイトの入力ワードを取り、4バイトのそれぞれにSボックスを適用して出力ワードを生成する。
Round Constant [Rcon]… ラウンド定数ワード配列。

## ■ AESの安全性

　ラウンド関数6段での線形解読法（P-230参照）で、総当たり攻撃より効率的に鍵を探索できると指摘があるが、提案者から「8段での最大差分特性確率および最大線形特性確率について、それぞれ$2^{350}$、$2^{300}$程度となることから、差分・線形解読法に対して安全であり、補間攻撃や関連鍵攻撃等の攻撃に対しても安全であるとみられる」との分析結果が発表されている。

---

*1 NIST：National Institute of Standards and Technology　米国の国立標準技術研究所
*2 AES：Advanced Encryption Standard　次世代標準共通鍵暗号方式
*3 FIPS PUB 197：Federal Information Processing Standards Publication 197　連邦情報処理規格刊行物197
*4 GF($2^8$)：ガロア拡大体。ビット列の多項式表現である。GF(2)とした場合の要素は0、1のみ。GF($2^8$)で8桁のビット列を表する。

### 参考資料

- NIST　COMPUTER SECURITY RESOURCE CENTER　Cryptographic Standards and Guidelines
  https://csrc.nist.gov/projects/cryptographic-standards-and-guidelines/archived-crypto-projects/aes-development
- FIPS 197, November 26, 2001, Announcing the ADVANCED ENCRYPTION STANDARD（AES）
- Volume 106, Number 3, May-June 2001, Journal of Research of the National Institute of Standards and Technology Report on the Development of the Advanced Encryption Standard（AES）
- Ingenieria y Competitividad, Volumen 15, No. 2, p. 91 - 101（2013）,ELECTRICAL AND ELECTRONICS ENGINEERING A methodological approach for asynchronous implementation of the Rijndael Algorithm
- Rijndael MixColumns
  https://en.wikipedia.org/wiki/Rijndael_MixColumns

# 第2章
# 公開鍵暗号

## 2-1 共通鍵暗号から公開鍵暗号へ

**公開鍵暗号**

　従来の共通鍵暗号ではお互いに同じ鍵を持たなければならない。鍵が公になるということは暗号を公開することと同じことで、暗号の意味を失うことになる。

　共通鍵暗号では「鍵をどのようにして受け渡すか」というのは大きな問題であった。また、この鍵の共有は鍵の管理上極めて重要な問題となる。

　この暗号を秘匿するはずの鍵を公開してしまうという大胆な暗号法が1976年、スタンフォード大学の研究員ディフィー(W.Diffie)、ヘルマン(M.E.Hellman)らにより提案された。2000年以上の暗号の歴史の中にあって、これはまさに常識を覆す画期的なものだ。

　暗号研究がまだ政府機関などが中心で秘密のベールに包まれていた1960年頃、ディフィーは個人のプライバシー保護に新しい暗号が必要になると感じていた。さっそく暗号理論の研究に没頭し、新しい暗号の可能性を探るため2年間に渡り、全米の暗号研究学者を訪ね歩いた。

　1975年、ディフィーは誰もが利用できる暗号法である公開鍵暗号(Public-key cryptography)のアイデアを思い付き、翌年にその概念が発表された。ただし、彼らはそれを暗号として実現することはできなかった。とはいえこのアイデアは多くの暗号研究家の研究意欲をそそったことだろう。

# 2-2 鍵を安全に届ける数学のマジック ～DH鍵交換

**公開鍵暗号**

　ではどのようにして公開鍵暗号を実現するのだろう。この手法は公開鍵暗号を提案したディフィーとヘルマンから「ディフィー・ヘルマン鍵交換（Diffie-Hellman key exchange）」また二人の頭文字を取り「DH鍵交換」、「DH法」と呼ばれている。

　DH鍵交換は素数を巧みに利用した鍵の交換方法だ。

　まずアリスとボブがそれぞれ秘密鍵3と4を持つ。ここに公開できる数、たとえば6を用意する。

アリスとボブはこの数を自分の秘密鍵でべき乗した数を求め、決めておいた素数11（公開可）で割り、その余りを求める。

$$\text{アリスの秘密鍵　3　　　ボブの秘密鍵　4}$$

公開鍵　6　　　素数11

アリス‥‥‥‥ $(6^3) \div 11 = 19 \cdots 7$

ボブ‥‥‥‥‥ $(6^4) \div 11 = 117 \cdots 9$

　ここで求められた余りをお互いに交換し、今度は公開鍵の6をここで交換した余りの値に変えて再度前と同じ計算をおこなう。

アリス‥‥‥‥ $(9^3) \div 11 = 66 \cdots 3$

ボブ‥‥‥‥‥ $(7^4) \div 11 = 218 \cdots 3$

　ここで求められた余りの数字3を、共通鍵として暗号通信に利用することができる。

　ここではわかりやすく数値や素数を小さくしているが、この値を大きくした場合にはふたりの交換した値から元の値をすぐに求めることはできない。この問題は「離散対数問題」と呼ばれている。

### ▼公開鍵暗号を用いた鍵交換

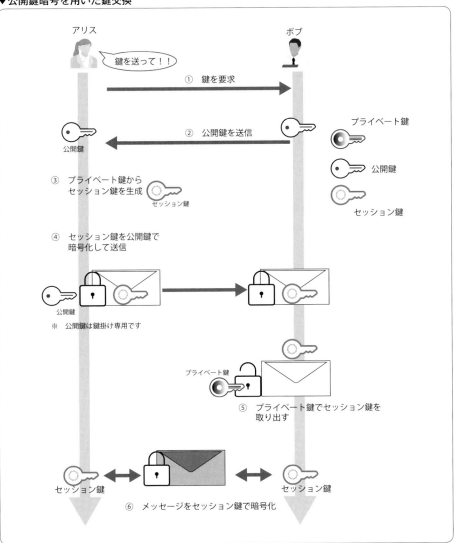

# 2-3 RSA暗号の登場

**公開鍵暗号**

　DH鍵交換は共通鍵を交換するための手順であって、このままでは実用に適しているとは言い難い。このアイデアを生かした暗号が翌年の1977年に、MITマサチューセッツ工科大学のリベスト（Ronald Rivest）、シャミア（Adi Shamir）、アドルマン（Leonard Adleman）の3人によって発表された。その暗号は3人の名前の頭文字を取って「RSA暗号」と名付けられた。

　RSA暗号の登場は米国政府にとっても衝撃的なものだったようだ。リベスト達がRSA暗号の研究成果の発表準備をおこなっていた時、国防省の人物から発表の自粛を促された。高度な暗号技術の拡散は安全保障上好ましくないと考えられていたからだ。国家安全保障局の暗号技術の優位性も、この発表によってくつがえされると考えられたのかもしれない。

　RSA暗号の発表は、軍事的色彩の強い秘密のベールに包まれていた暗号、そして国家主導の暗号政策から一気に学術的、また社会的なものへと変貌をとげるきっかけを作ったと言えるだろう。

　RSA暗号での暗号文の交換は次のようなプロセスとなる。
　公開鍵暗号では暗号を送ってもらうアリスがこの暗号法で鍵を2つ作成する。1つは自分で保存し暗号の解読に使用する解読専用の鍵「秘密鍵」、そしてもう1つは暗号を送ってもらうボブに送る暗号化鍵である「公開鍵」だ。
　アリスはボブに公開鍵を送り（または、公開しておき）この鍵で暗号を作成してもらい送ってもらう。この公開鍵で作成した暗号を公開鍵自身で解読することはできない。また、この鍵から暗号鍵を作ることは難しい。
　アリスは自分で作成したもう1つの解読専用の鍵秘密で、送ってもらった暗号の解読をおこなう。
　まさにネットワークに向いた手法と言えよう。また、秘密鍵を共通しないで済むことはセキュリティーの上で有利となる。

▼公開鍵方式

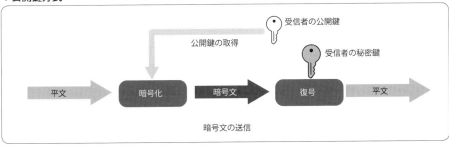

## 2-4 公開鍵(暗号化鍵)で解読できない暗号のふしぎ
**公開鍵暗号**

　RSA暗号は素因数分解の困難性を利用しており、そこにはオイラーの定理が応用されている。

　まず数字の1に着目してみよう。数字の1には、どんな数に1を掛けても変わらないという性質がある。この1をうまく分解すれば暗号に使うことができる。

　たとえば、

$$1 = \frac{1}{2} \times 2$$

と分解する。

　1/2を公開鍵としてある平文に1/2を掛けることにより暗号化する。そして、秘密鍵2を暗号に掛けることにより復号ができる。しかし、この例では簡単に秘密鍵を求めることができる。

　　オイラーの定理から、$n$と互いに素[*1]である自然数$M$に対して
　　$1 = M^{\varphi(n)} \bmod n$
　　である。($n$と互いに素な自然数$M$を$\varphi(n)$回掛けて$n$で割ると余りが1になる)
　　この$\varphi(n)$はオイラー関数[*2]である。

この定理を変形すると、

$n$ と互いに素である自然数 $M$ に対して
$M = M^{(k\varphi(n)+1)} \bmod n$
である。($k$ は任意の整数)

この定理の
$(k\varphi(n)+1) = ed$
とすると、
$M = M^{(k\varphi(n)+1)} \bmod n$
は、
$M = (M^e)^d \bmod n$
となる。

つまり、データ $M$ を $e$ 乗し、さらに $d$ 乗すると元のデータ $M$ に戻る。以上のことから RSA 暗号を作ると、

公開鍵………$e$、$n$
平文……………$M$
秘密鍵………$d$
暗号文………$C$
暗号化………$C = M^e \bmod n$
復号化……… $M = C^d \bmod n$

と置き換えることができる。

$n$ を 2 つの十分大きな素数 $p$, $q$ の積 ($n=pq$) とすると、
$\varphi(n) = (p-1)(q-1)$
に互いに素となる素数 $e$ を選び、
$(e、n)$
を公開鍵に。秘密鍵 $d$ は、
$ed = k(p-1)(q-1)+1$
とする。

172

ここで$n$は$p$の倍数を$q$個、$q$の倍数を$p$個持っているので、

$$n - p - q + 1 = pq - p - q + 1 = (p-1)(q-1)$$

$\varphi(n)$から

$$k\varphi(n) + 1 = ed$$

になる$(e, d)$を求める。


もし$e$が知られても$\varphi(n)$を知らないと$d$を求められない。また$\varphi(n)$を知るには$n = pq$を知らなければ解を求めるのは大変だ。

---

*1 互いに素：$a$、$b$の最大公約数を $\gcd(a、b)$ または $(a、b)$ と書く。特に $(a, b) = 1$ つまり$a$、$b$に共通の最大公約数が 1 となるとき $a$、$b$ は互いに素であると言う。

*2 オイラー関数：オイラー関数$\varphi(n)$とは $1 \leqq a < n$ である整数 $a$ のうち$(a、n) = 1$ となる整数の個数のことである。例として$\varphi(10)$は $1 \leqq a < 10$ である整数のうち $\gcd(a、10) = 1$ となる整数、つまり互いに素である整数の個数のことなので、$a = 1$、3、7、9 の 4 個になり $\varphi(10) = 4$ となる。$p$が素数ならば $\varphi(p) = p\text{-}1$ となる。$p$が13のとき $\varphi(13) = 13 - 1 = 12$ となる。なぜなら13は素数なので自分自身以外のいずれの数とも互いに素になる。

# 2-5 公開鍵暗号の弱点

**公開鍵暗号**

## ■中間者攻撃に弱い公開鍵暗号

　中間者攻撃とは二者間の通信に第三者が不正に割り込み、通信内容の盗聴、なりすましなどをおこなう攻撃で「バケツリレー攻撃(bucket-brigade attack)」や「MITM攻撃(Man in the middle attack)」とも呼ばれている。

▼中間者攻撃

中間者攻撃の流れは以下のようになる。

① この攻撃は攻撃者によるWi-Fiの盗聴(偽Wi-Fiスポット)、脆弱性のあるアプリの利用などにより通信に割り込む。
② AさんがB社に情報を送信するために鍵情報を送るように依頼する。
③ 鍵情報の送信依頼を中間者攻撃が受け取り、中間者攻撃を通してB社に送る。
④ B社はAさん宛に鍵情報を送るが、中間者攻撃がこれを受け取る。
⑤ 中間者攻撃がB社に成りすまし、中間者攻撃が用意した偽の鍵をAさんに送る。
⑥ Aさんは受け取った鍵情報を使い、情報を暗号化して送信する。
⑦ Aさんの送った暗号を中間者攻撃が受け取り、解読する。

　これがオンラインバンキングであった場合には、不正送金先口座への改ざんをおこなうことが可能となる。

中間者攻撃に対する対策としてはSSL/TLSによるセキュアな通信環境の使用、フリーWi-Fiへ接続しないなどの注意が必要だ。

## コンピュータの進化とRSAの限界

RSA公開鍵暗号は大変便利な暗号法だが、発表当初のコンピュータ環境では暗号化、復号に時間が掛かっていた。RSAとDES共通鍵暗号の復号時間を比較すると、RSAは1,000倍程度の時間が掛かっており、このことから同じ鍵長で比較した場合にはRSA暗号の方が強固であると実感することができた。

そこでパソコンの非力さをカバーするために、共通鍵を公開鍵暗号で暗号化して送り、実際の暗号文の交換には共通鍵暗号を利用するといった方法がとられる例も多かった。また、署名の必要性から公開鍵暗号が使われたりと両方式が共存していた。

鍵の送付には前に紹介したDH鍵交換もあるが、署名に使えないという欠点があるため、他の方式と組み合わせて使われている。

このDH鍵交換に関する特許は1997年に切れ、RSA暗号の特許も2000年に切れた。

RSAの安全性は素因数分解が困難であるという一方向関数を利用している。これは計算が困難なのであって決して解を求められないということではない。

従来は鍵長は256ビット（80桁）程度で十分だと思われていたが、素因数分解のアルゴリズムの進歩やコンピュータの処理能力のアップにより、256ビット程度では簡単に素因数分解ができてしまうようになった。

1977年に雑誌サイエンティフィック・アメリカン（Scientific American）でUS100ドルの賞金を掛け出題された129桁（426ビット）の素因数分解問題（RSA-129）が、出題から17年後の1994年に1,600台のコンピュータでインターネットを介して並列計算し、8ヶ月で解かれた。この計算に要した演算量は5,000MIPS Year[*1]と言われる。

1991年からはRSAラボラトリーズによりRSAファクタリングチャレンジ（RSA Factoring Challenge）として、計算量の研究とRSA鍵のクラックという実用上の困難さのレベルの推奨のために賞金を掛けて素因数分解問題が提示され、2007年に終了した。

最新の成果ではRSA-232、232桁、768ビットの素因数分解が5カ国の大学、研究機関[*2]の共同で2010年1月に解かれた。ここでは一般数体ふるい法[*3]により300台のPCによる並列計算で約3年が費やされた。

これらの観点から十分な安全性を確保するための鍵長は1,024ビット以上は必要と考えられていたが、2030年頃までの利用を想定する場合には2,048ビット（600桁程度）の鍵長が推奨されている。[*4]

*1 MIPS（Million Instructions Per Second）：コンピュータが1秒間に処理できる命令回数を100万回を1MIPSとして表す値。ただし、1つの処理に要する命令数はアーキテクチャにより異なるため単純にMIPS値での比較はできない。一方、スーパーコンピュータでは一秒間に浮動小数点演算が何回できるかを表すFLOPS（FLoating point Operations Par Second）という単位を使用する。
*2 NTT情報流通プラットフォーム研究所、スイス連邦工科大学ローザンヌ校（EPFL）、独ボン大学、フランス国立情報学自動制御研究所（INRIA）、オランダ国立情報工学・数学研究所（CWI）。公開鍵暗号の安全性の根拠である「素因数分解問題」で世界記録を更新
　http://www.ntt.co.jp/news2010/1001/100108a.html
*3 一般数体ふるい法：GNFS、General number field sieve　$10^{100}$より大きな素因数分解において、最も効率的な古典的アルゴリズムである。ただし、数体ふるい法がかならずしも成功するとは限らない。
　General number field sieve（Wikipedia））
　https://en.wikipedia.org/wiki/General_number_field_sieve
*4 SSL/TLS暗号設定ガイドライン、平成30年5月、独立行政法人情報処理推進機構、国立研究開発法人情報通信研究機構、表7．要求設定の概要

▼一般数体ふるい法による素因数分解のサイズ遷移

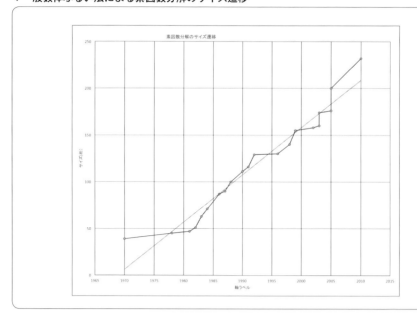

参考資料
- Bulletin numbe13-April 2000, News and Advice from RSA Laboratories
  A Cost-Based Security Analysis of Symmetric and Asymmetric Key Lengths,Robert D. Silverman, RSA Laboratories,P6,Table1
- SHARK：A Realizable Special Hardware Sieving Device for Factoring 1024-bit Integers
- The Japan Society for Industrial and Applied Mathematics,P28-32、素因数分解とRSA暗号の安全性、下山武司、伊豆哲也、小暮淳

# 2-6 公開鍵暗号の世代交代 ～楕円曲線暗号へ

**公開鍵暗号**

初期の公開鍵システムは、「2つ以上の大きな素因数からなる大きな整数を因数分解することは困難である」と仮定して安全性を確保するものだ。

しかし、コンピュータの性能向上により、この計算の困難さが徐々に失われて来ていることは既に述べた通りだ。そこで注目されるようになったのが楕円曲線上の離散対数問題（ECDLP[*1]）を利用した楕円曲線暗号（ECC[*2]）だ。

楕円曲線暗号は1985年にニール・コブリッツ（Neal Koblitz）とビクタ・ミラー（Victor Miller）によって個別に発表された暗号方式だ。これを元にディフィー・ヘルマン鍵共有から楕円曲線ディフィー・ヘルマン鍵共有（ECDH[*3]）、デジタル署名のDSAは楕円曲線DSA（ECDSA[*4]）へと改良され、SSL/TSLで実用化されている。暗号化においては楕円エルガマル暗号（ECElGamal）がある。

楕円曲線ベースのプロトコルは、既知の基底点に対する不特定楕円曲線上の離散対数を見つけることの困難性に基づく。RSAベースのシステムで大きな除数とこれに対応するより大きな鍵が与えられると、256ビットの楕円曲線の公開鍵は3,072ビットのRSA公開鍵に匹敵する強度と安全性を提供することができるとされている。

短い鍵長で安全性が実現できれば、プログラムでの高速処理にも有利となる。

## 楕円曲線とは

楕円曲線暗号において、方程式の係数を2種類の定義体である有限体$Fp$（$p > 3$、$p$は素数）またはバイナリ体$F2^n$（$n$は自然数）から選んだ楕円曲線を利用する。

上記の定義体に基づく楕円曲線Eはそれぞれ「素体$Fp$上の楕円曲線」、「バイナリ体$F2^n$上の楕円曲線」と呼ばれる。

（a）有限体$Fp$（$p$は$n$ビットの素数）上の楕円曲線は

$E : y^2 = x^3 + ax + b$

（$a, b \in Fp$かつ$4a^3 + 27b^2 \neq 0$）

で定義される曲線上の点の集合$P=(x, y)$に無限遠点0と呼ばれる仮想的な点を加えたもの。

(b)バイナリ体$F2^n$上の楕円曲線とは
$E: y^2 + xy = x^3 + ax^2 + b$
($b \neq 0$ かつ $a,b \in F2^n$)
で定義される曲線上の点の集合$P=(x、y)$に無限遠点0と呼ばれる仮想的な点を加えたもの。

▼左：(a) P＋Q＝R／右：(b) P＋P＝R

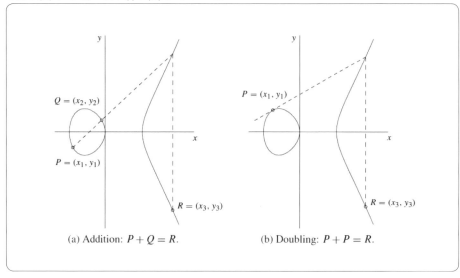

(a) Addition: $P + Q = R$.　　(b) Doubling: $P + P = R$.

　楕円曲線上に2点P、Qがあるとき、その和は、直線PQと楕円曲線とのP、Q以外の交点とx軸に対して対称な点である。

　Pの2倍算Rは次のように定義される。

　まずPの楕円曲線に接線を描く。この線は第2の点で楕円曲線と交差する。それから、Rはx軸に対して対象な点である。

　楕円曲線上の点同士は、演算（加算）を定義することができ、アーベル群を成す（無限遠点0も楕円曲線の点とみなす）。このことから以下の式が成り立つ。

(i)　$P + 0 = 0 + P = P$.

(ii)　$P = (x, y)$に対し、$P = (x, -y)$

(iii) $P_1 = (x_1, y_1), P_2 = (x_2, y_2)$ に対し、$P_1 + P_2 = (x_3, y_3)$ とする。$P_1 \neq \pm P_2$ のとき、

$$\begin{cases} x_3 = \left( \dfrac{y_2 - y_1}{x_2 - x_1} \right)^2 - x_1 - x_2, \\ y_3 = \left( \dfrac{y_2 - y_1}{x_2 - x_1} \right)(x_1 - x_3) - y_1. \end{cases}$$

(iv) $P = (x_1, y_1)$ に対し、$2P = (x_3, y_3)$ とする。$P \neq -P$ のとき、

$$\begin{cases} x_3 = \left( \dfrac{3x_1^2 + a}{2y_1} \right)^2 - 2x_1, \\ y_3 = \left( \dfrac{3x_1^2 + a}{2y_1} \right)(x_1 - x_3) - y_1. \end{cases}$$

## ▎楕円曲線上の離散対数問題（ECDLP）とは

楕円曲線においては曲線上の点$P$を$d$回加算する演算（以下、スカラー倍算）と、自然数$d$から点$Q = dP$を求める演算は容易におこなうことができる。

一方、このスカラー倍算の逆演算である2点$P$と$Q$から$Q = dP$を満たす自然数dを求める問題は、自然数dの桁数（すなわち楕円曲線暗号の鍵長）が大きくなるほど解くのが難しくなる。

この性質を用いて、楕円曲線暗号では自然数$d$を秘密鍵、基準点$P$を秘密鍵$d$でスカラー倍算した点$Q = dP$を公開鍵として利用する。

※本書では最低限必要な定義紹介に留める。バイナリ体については専門書を参照のこと。

---

*1 ECDLP：Elliptic curve discrete logarithm problem . 　楕円曲線離散対数問題
*2 ECC：Elliptic Curve Cryptography. 　楕円曲線暗号
*3 ECDH：Elliptic curve Diffie-Hellman key exchange. 　楕円曲線ディフィー・ヘルマン鍵共有
*4 ECDSA：Elliptic Curve Digital Signature Algorithm. 　楕円曲線デジタル署名アルゴリズム、楕円曲線DSA

---

参考資料

- Guide to Elliptic Curve Cryptography ,Darrel Hankerson , Alfred Menezes , Scott Vanstone
- CRYPTREC Report 2017、平成30年3月 、国立研究開発法人情報通信研究機構 独立行政法人情報処理推進機構
- 金融研究 /2013.7、公開鍵暗号を巡る新しい動き:RSA から楕円曲線暗号へ、清藤武暢、四方順司、P17-50
- 数理解析研究所講究録、第1814 巻2012年74-84、楕円曲線暗号の攻撃とその安全性、安田雅哉（富士通研究所）

サイバー時代の暗号技術

# 第3章
# 電子署名

## 3-1 一石二鳥、公開鍵暗号の効用 ～電子署名

### 電子署名

　公開鍵暗号の鍵を2つ使うというアルゴリズムは意外なものを生み出した。

　送信者が自分の暗号鍵で暗号化し、受信者が送信者の公開鍵で復号することを考えてみよう。これは間違いなく復号でき、しかもこの暗号鍵を持った人が暗号化しなければその公開鍵で復号することができない。

　つまり公開鍵を作った人以外が、その公開鍵で復号できる暗号を作ることができないわけで、これによって本人であることを確認することが可能となるわけだ。

　また、言い換えれば、他人が公開鍵で復号できる暗号を作ることができないことで、改ざん防止にも役立つ。暗号文を受け取った人が改ざんすることもできず、暗号のまま保管しておけば、この平文を作成した本人はこれを書いたことを否定できないことになる。

　これが電子署名の原理であり「デジタル署名」とも呼ばれる。この電子署名方式としてはDSA署名[*1]、ECDSA（楕円曲線DSA署名）、DRSASSA-PKCS1-v1_5、RSA-PSSなど多くの電子署名方式が存在し、用いられている。

　この電子署名は電子商取引（エレクトリック・コマース）には欠かせないものになっている。

---

*1 DSA：Digital Signature Algorith. DSAはElGamal署名の改良版の1つ。

180

▼電子署名の仕組み

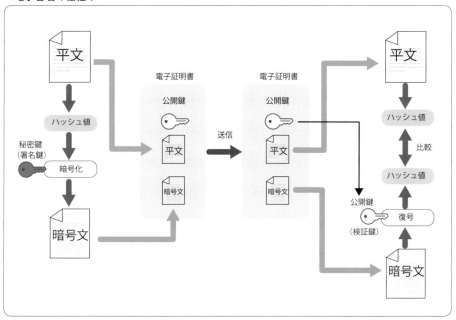

# 3-2 電子署名の肝 ハッシュ関数

**電子署名**

　3-1で紹介した署名機能を支える大事な補助関数がある。ハッシュ関数だ。ハッシュ関数(hash function)は任意のデータを元に、長さの決まった数列を出力する関数だ。変換元のデータが1文字違うだけで出力される値はまったく異なる。この変換出力を「メッセージダイジェスト」と呼ぶ。
　このように暗号に使用するのに適したハッシュ関数を「暗号学的ハッシュ関数」と呼ぶ。

　ハッシュ関数の安全性には大きく分けて、以下の3つの要素がある。

**(a)衝突発見困難性を有すること**
　ハッシュ値が等しくなるメッセージを見つけることが困難であることをいう。

**(b)第2原像計算困難性を有すること**

　ある既知のメッセージに対して、ハッシュ値が等しくなる別のメッセージを見つけることが困難であることを言う。

**(c)原像計算困難性**

　与えられたハッシュ値から元のメッセージを見つけることが困難なことを言う。

## ■ ハッシュ関数のアルゴリズム

　ハッシュ関数にはさまざまなアルゴリズムが考案され、電子署名に組み込まれ使用されている。近年、作成・更新されている電子署名では複数のアルゴリズムを選択できるように作られている。これは使用する特定のハッシュ関数の危殆化[*1]によりリスクが高まった時に、使用するハッシュ関数を別のアルゴリズムのものに変更可能なようにするためだ。

**・MD5(Message Digest Algorithm 5)**

　1991年に開発され広く使用されてきたが、2009年に破られ2012年にはマルウエアで弱点を悪用されている。日本のCRYPTRECでは、MD5を政府推奨暗号リストから外し、SHA-256以上を推奨している。

　セキュリティが脆弱なため暗号用には使用できないが、フリーウェアなどアプリの配布において、公開元で同一性チェックにMD5の値を公開するといった使い方がされている。

**・SHA-1**

　1995年、米国国家安全保障局(NSA)により設計され、国立標準技術研究所(NIST)により標準化された。ダイジェストサイズが160ビット(20バイト)で、MD5と共にインターネットで広く使われてきたが、脆弱性が指摘されたことからSHA-2(SHA-256)への移行が進められて来た。

**・SHA-2(SHA-256)**

　SHA-2は米国連邦標準(FIPS)である米国国立標準技術研究所(NIST)によって2001年に発行された。SHA-2ファミリーは、米国特許第6829355号に特許されているが、米国はロイヤルティフリーのライセンスの下で公開している。

　SHA-2にはSHA-224、SHA-256、SHA-384、SHA-512、SHA-512/224、SHA-512/256

の６種類と、ハッシュ長が224、256、384、512ビットのバリエーションがある。

SHA-256はSSL/TLS1.3に採用されているほか、日本の電子政府推奨暗号ではSHA-256、SHA-384、SHA-512を推奨している。(CRYPTREC暗号リスト2013年３月/2017年変更なし)

SHA-512は64ビットCPUで動作するため、x86-64プロセッサアーキテクチャ上のSHA-256よりも高速に動作する。

## • PBKDF2 (Password-Based Key Derivation Function 2)

PBKDF2はハッシュベースのメッセージ認証コード(HMAC)などの疑似乱数関数をソルト値[2]と共に入力パスワードまたはパスフレーズに適用し、このプロセスを何度も繰り返して派生キーを生成して暗号キーとして使用することができる。

プロセスの繰り返しのパラメータはCPU速度が加速するにつれ、時間とともに増加することを意図して作成されている。

パスワードにソルトを追加すると、あらかじめ計算されたレインボーテーブル攻撃[2]の能力が低下する。この規格では少なくとも64ビットのソルト値の長さを推奨している。

## • RIPEMD(RACE Integrity Primitives Evaluation Message Digest)

SHA-256と共にRIPEMD-160がビットコインで使用されている。オープンコミュニティで開発され、SHA-1程度のパフォーマンスを持つ。

---

[1] 危殆化：CPUの処理能力の向上などにより脆弱性が増す。

[2] ソルト：暗号用語でソルト(salt)とはランダムなデータをデータ、パスワード、パスフレーズを「ハッシュする」一方向関数への追加入力として使用する。ソルトは辞書攻撃(dictionary attacks)や、あらかじめハッシュ値に変換した表によるレインボー攻撃(rainbow table attack)に対して、入力データに乱数を付加して関数処理をおこなうことで、こらの攻撃に対する耐性を高める。従来、パスワードはシステム上のストレージに平文で保存されていたが、やがてユーザーのパスワードをシステムから読み取らないように保護するための追加の保護手段が開発された。ソルトはそれらの方法の１つである。

# 3-3 あな␣た␣は␣誰？<br>〜公開鍵の認証をどうするか

**電子署名**

　ここでひとつの問題が生じる。

　すでに特定のグループ内での公開鍵の利用が確立していれば、その中での電子署名も問題ないだろう。だが新たに参加する人にとってはお互いの認証手段がない。自分の身分をどのように証明し、またどう相手方の身分の保証を得るかという堂々めぐりの無限ループに陥ってしまう。公開鍵だけではなりすましができてしまうのだ。

　そこで公開鍵の管理とその認証機関の必要が生じる。いわば役所と印鑑登録のような関係と言える。

　この方法として有力な方法が認証局(CA：Certificate Authority)による「公開鍵証明書」の発行である。また、これを「デジタル認証書(電子認証書)」とも呼ぶ。

　認証局の最上位局を「ルート認証局」と呼ぶ。ルート認証局は最上位のため、上位の認証局による承認を受けることなく正当性を証明している。ルート認証局の下に中間認証局、更にその下に下位認証局があり、デジタル認証書の発行を代行している。各認証局は厳しい審査を受け、CPS(認証業務運用規程)を公開している。

　日本国内での認証サービスは1996年2月、米国で公的な公開鍵証明書の発行機関として世界の95％以上のシェアを持つベリサイン社(VeriSign)の日本法人に続き、1997年4月にはサイバートラスト社(Cybertrust)の日本法人が設立された。

### ▼認証局（CA）の階層構造

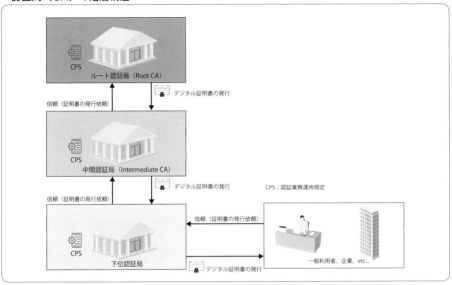

　認証局の利用方法はまず加入者が秘密鍵と公開鍵のペアを生成し、その公開鍵をCSR（証明書署名要求）として認証局に提出する。

　認証局により厳正な審査をおこない加入者の身分を確認したら、デジタル証明書（サーバ証明書）を発行する。

　このデジタル証明書には証明書のシリアル番号、加入者の名前、公開鍵、有効期間などの情報に認証局の署名をしたもので、この証明書の発行についても認証局があらかじめ公表している公開鍵を利用しておこなった電子署名によるものだ。

　認証局は公開鍵が含まれた自身のデジタル証明書（ルート証明書）を発行している。

　電子証明書はホームバンキング、電子商取引、電子メールの暗号化などに利用される。

　電子メールの暗号化では最初に公開鍵証明書の交換をおこなう。このことによりお互いに相手の公開鍵を入手することになる。この公開鍵を用い共通鍵を交換しておけば、共通鍵暗号のDES暗号などを用いた効率的な暗号通信を確立することができる。

　企業や団体が認証局を使い、プライベートブランドの認証書を発行するシステムもある。RA（Registration Authority）と呼ばれるこのサービスは証明書の発行申請を受けると、申請書の内容が正確であるか審査を実施する。実際の鍵管理や認証の確認などは認証局がおこなう。

このようなCAによる公開鍵証明書を使用する仕組みを「公開鍵認証基盤(PKI: Public Key Infrastructure)」と呼ぶ。

▼デジタル証明書を使用したデジタル署名の仕組み

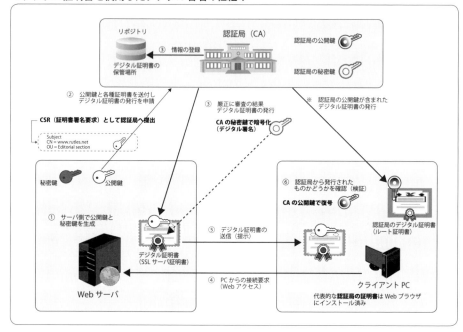

## 3-4 認証局がなければ ～もう1つの認証方法
**電子署名**

認証局を使用しないと認証をおこなうことができないのだろうか。
「友達の友達は皆友達だ」方式を使用する方法がある。
　初めに自分が信用できる人、Aさんから公開鍵をもらう。次にAさんの知人Bさんと信頼関係を築きたい場合には、Bさんは自身の公開鍵をAさんの暗号鍵で暗号化してもらっておく。これでBさんはAさんに署名をしてもらったことになる。BさんはこのAさんが署名した暗号を私に送る。このBさんの送った暗号はAさんの公開鍵で復号することができる。このことによりBさんの公開鍵の認証がおこなわれたわけだ。

# 3-5 鍵事前配布方式 KPS

**電子署名**

　認証局方式では事前に鍵を交換するための予備通信が必要になる。これに対して1986年、横浜国立大学の松本勉助教授、東京大学の今井秀樹教授らにより提案されたのが線形スキームによるKPS(Key Predistribution System)方式だ。KPS方式では予備通信なしに共通鍵を入手できる方式を提案している。また「なりすまし」の防止ばかりではなくキーを失った場合のキーリカバリーにも対応が可能だ。

　この元となるアイデアは、あらかじめパブリックID(公開されたID)を縦横に配したマトリクスを作成し、この表の中にランダムにキーを作成し保管しておくという手法で、鍵の配布に関しては大変安全な方法だ。ただし、この方法では鍵の保管に多くの記憶容量を必要とする。ユーザー数の限られたパソコン通信や企業内通信では利用できるが、インターネットなどの大規模な通信には向かなかった。

　そこで耐タンパーシステム(耐改ざん性のシステム)が提案されている。これは鍵生成装置といったもので、これに自分のプライベートIDと相手のパブリックIDを入れることにより共通鍵が入手できるといったものだ。当然、このプライベートIDを管理するセンターが必要になる。

　線形スキームは改ざんに対し、より強固にするため縦横同数の行列を複数作り、IDとこの行列で線形演算をおこなう。

　アプリケーションでの組込み型などでは各種暗号攻撃法に耐えられる強度を必要とする。

　では電子メールでの使用例を紹介しよう。

　暗号通信をおこなう場合にはまず、プライベートID(非公開)をKPSの管理センターから入手しておく必要がある。センターはユーザーの身元を確認し、メモリスティックやCDなどでプライベートIDを発送する。ここではプライベートIDの管理のみをおこなう。

　このプライベートIDと送信者のパブリックIDを、自分のパソコンのKPS用ソフトに入力するだけで自動的に共通鍵を生成する。パブリックIDにはメールアドレスなど公開されているものを使用でき、いつでも共通鍵を生成できるので共通鍵の保管を心配する必要はない。

また、一度プライベートIDを入手しておけば、このKPSの管理センターを利用するユーザー間では、いつでも誰とでも共通鍵を得ることができる。

 COLUMN

### 疑心乱数　NSAの暗躍

　楕円曲線暗号において、P点とQ点（P178参照）が決まればRが決定する。このPとQの値は疑似乱数生成アルゴリズム（暗号論的疑似乱数生成器）によって設定される。この疑似乱数に偏りがあれば、暗号の解読の可能性が高まるということは想像できるであろう。

　では、この乱数の発生が操作されていれば……これは完全にバックドアとなってしまう。そのバックドアが疑われたのが、2006年6月に国立標準技術研究所（NIST）により標準化されたDual_EC_DRBGだ。

　翌年のCRYPTO 2007カンファレンスの非公式プレゼンテーションにおいてDan ShumowとNiels Fergusonは、アルゴリズムにはバックドアとしか記述できない弱点があることを指摘した。また、2009年にはエドワード・スノーデンの告発により、安全性に問題があると発表されている。

　そして2013年12月、国家安全保障局NSAがRSA Securityに1,000万ドル支払い、Dual_EC_DRBGの採用を働きかけたということをロイター（Reuters）のJoseph Mennにより暴露され、それをきっかけにRSAはNSAの関与を認め、2014年にはNISTの標準から撤回された。

　1990年代にはバックドアを備えたクリッパーチップに反対を唱えていたRSA Securityも、1999年にゾビスがCEO就任後、対立から協調へと路線が変わったという。

　そしてNSAは今も世界各国の情報を収集している。

- Dual_EC_DRBG:Dual Elliptic Curve Deterministic Random Bit Generation A few more notes on NSA random number generators　December 28, 2013
  https://blog.cryptographyengineering.com/2013/12/28/a-few-more-notes-on-nsa-random-number/
- The Strange Story of Dual_EC_DRBG
  https://www.schneier.com/blog/archives/2007/11/the_strange_sto.html

# 第4章
# 電子商取引

## 4-1 電子認証とEコマース

**電子商取引**

　インターネット上のモールなどEコマースでの買い物などにおいて、取り交わされるデータが強固な暗号システムで守られていなければ、データの盗用や改ざん、また「なりすまし」といった危険にさらされてしまう。

　そのような問題から通信内容を守り、安全な取引きをおこなうために、ウェブブラウザにはSSL/TLSと呼ばれるセキュリティー機能が付加されており、インターネットのウェブページ上での個人情報やクレジットの情報などを安全にやり取りできるように作られている。

　SSL/TLSはホームページを開く前に認証や使用する暗号、デジタル署名などのアルゴリズムなどの交換をおこない相互に認証を確立する。1接続限りの鍵を生成し、暗号化による通信の安全がはかられる。

　フィッシング(詐欺)は偽のサイトに誘導し、ユーザー情報を騙し取る手法だが、入力ページのURL入力欄に閉じられた鍵のマークが表示されているか確認できなければ危険なサイトということができる。「パスワードの変更が至急必要」などといったメールが届いた場合には細心の注意が必要だ。心配な場合にはメールに書かれたショートカットは使用しないで、ブラウザを起動して通常のアクセスをおこない、通知などの確認をするべきだ。

　このブラウザに表示される鍵マークは、SSLサーバ証明がおこなわれることにより表示される。

---

電子商取引：electronic commerce から略してEコマース、ECなどと呼ばれる。

# ■ パスワードと認証

　ウェブサービスを利用する場合、そのサービスにユーザーIDとパスワードにより
ログインがおこなわれるが、更にセキュリティコードの認証を追加できるケース（2
段階認証）や、銀行口座などでは複数のセキュリティコードでの認証（多要素認証）
が必要な場合がある。

## (1) 2段階認証（二要素認証）

　ID、パスワード入力の他に、セキュリティコードの入力やワンタイム・パスワード
を入力するなど認証機能を追加することを言う。2段階認証が設定されていれば、
ブルートフォース攻撃*1や辞書攻撃*2に対する耐性が高まる。

## (2)電話番号認証（SMS認証）

　登録した携帯端末にセキュリティコードをショートメッセージで送り、これを追
加認証で利用する方式が普及している。サーバ側でセキュリティコードを生成して
送り、送り返されたコードと比較するだけなので非常にシンプルな手法と言える。

　また、スマートフォンなどにウェブサービスにログインされていることを通知し、
本人のアクセスでなければ利用を停止できるといったサービスもある。

## (3)セキュリティトークン（Security token）

　ボタンを押す度に新しいコード（ワンタイムパスワード）が生成される。数個のボ
タンと液晶ディスプレイの付いた装置で単にトークンとも呼ばれる。トークンの製
造番号と種となるセキュリティキーの登録をおこない、これらを使いトークン個体
毎に毎回異なったワンタイムパスワードを生成する。

　ゆうちょ銀行で利用者に配布をおこなっているほか、ジャパンネット銀行などで
も導入されている。

## (4)ワンタイムパスワード

　ワンタイムパスワードを生成するアプリも用意されている。設定時に種となるコー
ドを登録しておけば、ボタンをタップするだけで毎回異なったコードを生成する。
「Google Authenticator（google）」「1Password」など、また三菱UFJ銀行が自社アプ
リにワンタイムパスワード機能を搭載している。

　ワンタイムパスワードの種の生成方式として時刻を使用する方法を「時刻同期方
式（タイムスタンプ方式）」と呼ぶ。

## (5)チャレンジレスポンス認証(challenge and response authentication)

　ネットーワークに接続し認証を開始すると、サーバはユーザー側にチャレンジと呼ばれる乱数を送る。ユーザー側では入力したパスワード文字列と受信したチャレンジを組み合わせて暗号学的ハッシュ関数によりハッシュ値を求め、サーバにレスポンスとして返す。サーバは手元の認証情報とチャレンジで作成した乱数からハッシュを求め、レスポンスと比較、照合をおこなう。これが一致すればユーザーの認証が済む。通信経路上をパスワードが通ることは無いので盗聴は不可能となる。

## (6)マトリックス認証

　ネットバンキングで契約時にマス目に数字の入ったセキュリティカードを元に、指示された座標の番号を拾いセキュリティコードの入力をおこなう方法。

　この変形として1列の数列から何番目かを指定してコードを得る方法もある。

---

*1 ブルートフォース攻撃:brute force attack　総当たり攻撃。パスワードなどを文字通り、あらゆる組み合わせを試みる手法。

*2 辞書攻撃:Dictionary attack 単語、人名、地名などを登録した辞書を使い、パスワードなどの入力を試みる手法。

## 公開鍵暗号の実際

インターネット上のサーバーとのセキュアな接続に使用されるSSL/TLSだが、ブラウザを使い銀行やクラウドメール、ショッピング・モールなどのサーバーにアクセスしたときに、URLの先頭がhttps://から始まるアドレスの場合、クライアント（ユーザー）とサーバー間で自動的に暗号化通信のための手続きがおこなわれる。

① ブラウザからクラウドメールのあるサーバにアクセスすると、サーバからはサーバ証明書と公開鍵が送られてくる。
② 送られてきたサーバ証明書をブラウザのルート証明書[*1]で検証をおこない、この証明書が本物と判断されると共通鍵を生成する。
③ サーバ証明書の公開鍵で共通鍵の暗号化をおこない、この暗号化した共通鍵をサーバに送る。
④ 共通鍵ができたのでこれにより暗号化された通信をおこなう。

▼ SSL/TLSによる暗号化通信の流れ

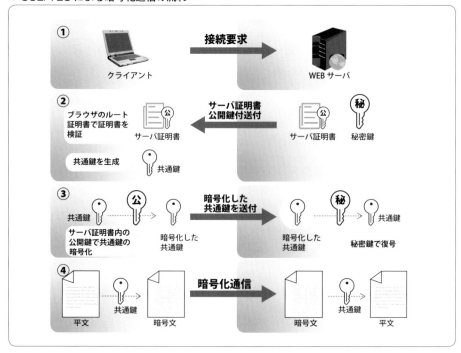

*1 ルート証明書：認証局（公開鍵証明書認証局）（CA、Certificate Authority、Certification Authority）が信頼された第三者に対してデジタル公開鍵証明書を発行する。

# 4-2 クレジット決済システム

**電子商取引**

　クレジット決済システムにも電子認証や暗号化による通信は必須だ。
　クレジットカードを使った決済システムのデファクトスタンダードにSET（Secure Electronic Transaction）と呼ばれるシステムがある。このシステムにはRSA暗号またはDES暗号が組み込まれ、デジタル署名にはRSAが採用されている。

　SET誕生には意外な出来事があった。VISA、マスターカードがICカードやネットワーク上で決済がおこなえる規格作りに、マイクロソフトとベリサインが参加してSTTという規格が発表された。
　同時にマスターカードはネットスケープ、GTE、IBMと共同で規格したSEPPを発表した。このようなところでもネットスケープとマイクロソフトが激突していたのだ。
　しかし、カード決済システムが複数あると、加盟店や利用者にとっては不便なものになってしまう。そこでユーザビリティーを重視したVISA、マスターカードはSEPP陣営に歩み寄り、1996年に統一規格であるSETバージョン0.0が誕生した。バージョン名が示すようにこの規格はプリバージョンであった。
　SETはアルゴリズムの規格を公開するもので、開発はハード、ソフトベンダーに任せられていた。
　翌97年にはバージョン1.0が発表されたが、先に発表されたバージョン0.0とは互換性のないものであった。ところが不幸なことに既に製品を発表してしまったベンダーがあったのだ。
　また、このバージョン1.0は日本独自の商習慣には対応されていなかった。そこで日本仕様に拡張ができるようにJPO（Japan payment option）という拡張仕様が認められた。
　折しも日本の通産省は1996年1月から、電子商取引実証推進協議会ECOMを設立し、外国に依存しない独自の規格を進めていた。
　通産省の実証実験ECOMから派生したグループ、日立製作所、NEC、富士通の3社は共同でクレジット決済プロトコルSETの日本版ともいうべきSECEを共同開発した。

サイバー時代の暗号技術

SECEは日本独自仕様の決済プロトコルと見られることがあるようだが、実際には日本独自仕様では世界に通じないと考えた富士通はVISA、マスターカードのSEPPをベースに、日本仕様としたものを提案していた。これに賛同した日立、NECとの共同開発がスタートした。

　SECEはクレジット決済はSETに準拠し、このほか銀行決済などの機能も取り込んだほか、ボーナス払いなどの日本の商習慣に対応した。なんとSECEのメンバーである日立と富士通はSETのミーティングへの参加を認められ、日本向けSETに対しての提案をおこなっている。この声がSETのJPOという拡張仕様につながったようだ。SETとSECEは実に近しい間柄であるようだ。デファクトスタンダードへの貢献と相互運用性の確立が後発組の生き残るための手段でもあろう。また、SECEグループのバックボーンには都市銀行10行というユーザーがすでに付いている強みがあった。

## クレジット決済プロトコルによる電子認証サービス

　認証局からはカード会員、加盟店、ペイメントゲートウェイそれぞれに電子認証書が発行される。また、これらの間は共通鍵暗号と公開鍵暗号を併用することにより、情報経路でのデータの漏洩や改ざんを防止する。

　加盟店の証明書は、商店の店頭に貼られているカード・ブランドのステッカーのようなものだ。カード会員は加盟店の公開鍵で認証を受けた自分の公開鍵証明書と商品購入の申し込みを送る。

　一方、加盟店はペイメントゲートウェイにカード会員の支払内容と決済与信を依頼し、ここからカード会社への承認依頼がおこなわれる。承認は逆の経路をたどり加盟店に伝えられる。承認を受けた加盟店はカード会員に商品を発送する。

　これらによりオープンなネットワーク上での安全なクレジット決済が可能になる。

▼クレジット決済のしくみ

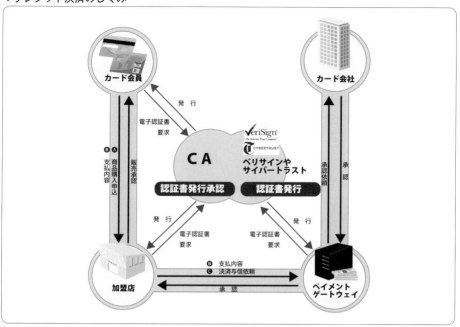

サイバー時代の暗号技術

## 4-3 クレジットから電子マネーへ

**電子商取引**

　1963年3月13日、クレジットカード会社「ダイナースクラブ」の創始者のひとりである弁護士ラルフ・シュナイダーの生まれ故郷の新聞に、つぎのような死亡広告が載せられた。「それは生前、我々にもっとも身近なものであり、もっとも愛すべきものであった。ある者はこれをあり余るほど所有し、あるものはいつも不足しがちであった。また、あるものはこれを溺愛し、ある者は湯水のごとく浪費した」

　なんとここで死亡させられたのはキャッシュであった。クレジットカードの普及により現金を持ち歩かなくても多くの商店で買い物ができるようになった。

　しかし、クレジットカード決済は後払いのため、実際の使用状況が直感的に掴みにくいという欠点がある。そこでお財布のように残金がわかりやすく、引き落としが即時におこなわれるデビットカードが2000年に登場した。リアルタイムペイ（即時払い）なので、カードの発行会社は与信枠も貸付判断も不要となる。実は一部の銀

行を除き、殆どの銀行系キャッシュカードがJ-Debitの機能を持っていてデビットカードとして利用が可能となっている。

とはいえ日本国内ではまだまだ現金決済が多い。その要因と言えるのが、以下のような現金の利便性があるからだ。

(1) 現金を持ち歩いていても安全な治安。（おまけに、お財布を落としても、まるごと戻る割合が高い）
(2) ATMがどこにでもあり、いつでも簡単に現金を引き出せる。
(3) 現金が信用できる。（偽札に出会うことはまず無い。そのため高額紙幣がどこでも普通に使える）

## ▌電子マネーの登場

日本国内でのプリペイドの電子マネーカードとして初めて全国的規模で登場したのは2001年、FeliCaチップ[*1]を搭載したEdyカード（現、楽天Edy）だ。

2001年に登場したSuicaにも2004年にはショッピング機能が加わり、NTTドコモの携帯電話には「おサイフケータイ」が登場した。おサイフケータイはユーザーの囲い込みはおこなわず決済インフラとしての普及を優先し、他キャリアにもライセンスされたことから大きく広がることとなった。

2005年にはドコモのiD、JCBのQUICPayが登場する。2007年のnanaco（セブン・カードシステム）、WAON（イオンリテール）、PASMOなど交通系カード、いずれにも非接触ICカードにはFeliCaチップが搭載されている。2014年に登場したau WALLETのみ、非接触ICカードにNFC[*2]を採用している。交通系のプリペイドカード、Suicaや私鉄系のカードは、いちいち小銭を出して切符を買う必要が無く、電車の乗換えもスムーズといった利便性から首都圏では一気に広がることとなった。

一方、多くの電子マネーが登場したが、いずれも使用できる店舗が限られユーザーの囲い込みをおこなっており、利便性に対するネックとなっている。プリペイドカードを複数持つなどまったく馬鹿げた話だ。日本での電子マネー普及には、大小多くの店舗をカバーできるサービスの登場が必須であろう。

一方でスマートフォンの登場により、より便利なサービスが利用できるモバイルペイメントが本格化しつつある。おサイフケータイは海外に進出することはできていないが、海外からはApple Payが上陸した。iPhone上に複数のクレジットカードやSuicaを登録して利用することが可能で、クレジットカード利用時の煩雑さが低減される。暗号化により高いセキュリティが保たれている。

米国ではStarbucksのアプリを使用すれば、スマートフォンで注文を選択し、アプリ画面のバーコードで注文と決済を済ませることができる。決済時にはクレジットカード情報ではなく、暗号化されたコードを送り、決済会社でデータベースからクレジットカード情報を参照する。このためスマートフォンにカード情報を保存する必要が無く、POSを狙ったハッキングに対しても安心なのだ。

Apple Payより2年前に始まったGoogle Walletはsecure elementと呼ばれるセキュリティチップを搭載する予定だったが、キャリアが独自のモバイルウォレットを始めることから反対を受け、チップの搭載は実現できなかった。現在はHCE（Host Card Emulation）と呼ばれるソフトウェアによりセキュリティを担保している。

一方、中国ではQRコード決済が主流でおこなわれており、その背景にはスマートフォンの普及がある。2004年に始まった阿里巴巴集団（アリババ・グループ）のAlipay（支付宝）、メッセージアプリWeChat（微信）のテンセント（騰訊）が2012年に始めたWeChat Payが中国での2大サービスだ。

使用方法は幾通りかあり、店舗にQRコードを提示して支払いをおこなう方法や、店舗のQRコードを読み取り、金額を入力して送信すれば支払いが済むといった方法もある。ストリート・ミュジシャンに投げ銭？ もできてしまう。

スマートフォン本体の個体情報、SIMカード情報などを鍵に利用して個人認証が可能になる。後は暗号化通信で送金データを送ることで、QRコード決済が実現できることが想像できるであろう。

中国では現金の信頼性が低く、カード決済のインフラが整っていなかったことなどがQRコード決済普及にとって優位であったと言える。

同様にQRコード決済が広がったインドではモディ首相の政策で、ブラックマネーシステム（脱税や不法な手段で得た裏金）根絶のために2016年11月に高額紙幣が廃止され、使用できなくなった。また、銀行口座やクレジットカード、電子決済などが十分に浸透していなかったため、銀行口座の開設と利用者の初期投資がかからないQRコード決済が広がることとなった。

このように一挙に最新のテクノロジーやサービスが普及することを「リープフロッグ現象（蛙飛び現象）」と呼ぶ。

---

*1 FeliCaチップ：3-18　半導体がカードを守る（P-139）参照
*2 NFC：3-18　半導体がカードを守る（P-139）参照

---

**参考資料**

・キャッシュレス・ビジョン、平成30年4月、経済産業省 商務サービスグループ消費・流通政策課

## 4-4 電子マネーのための ブラインド署名

### 電子商取引

　前の章では電子署名について説明したが、この署名では「送ったメッセージが間違いなく私が送ったものである」ということを受信者に確認してもらうものだった。受信者はメッセージの内容を確認しているわけだ。

　ここで紹介するブラインド署名は、Aさんから封筒に入れたCさん宛の書類を受け取ったBさんが、受領書にAさんから受け取ったと自分のサインをしてAさんに渡し、中身を確認しないでCさんに受領書のコピーと共に渡す。といった手順だ。署名をしたBさんは受け取った中身を知ることはない。ブラインド署名は電子投票や電子マネーに利用することが可能だ。

　電子マネーはデジタル化したデータファイルに貨幣価値を持たせる。デジタルデータなのでICカードやインターネットでの利用を実現できる。このデータファイルを交換することで貨幣の流通をおこなう。

　記憶メディアに記録されたデータは、改ざんされないようにするために電子署名がおこなわれている。電子マネーではデータが大きくなることを防ぐために、ハッシュ関数によるデータ圧縮をおこなっている。

　ここでは1983年にデビット・チャウム（David Lee Chaum[*1]）が提案したブラインド署名（Blind signatures）、匿名電子通貨のスキームについて説明しよう。

　デジタル化された電子マネーには金額と貨幣番号、発行銀行名の情報などが入れられ、銀行の署名が入って初めて貨幣として機能する。銀行が発行した貨幣番号が誰のものかわかると、いつ、どこで、何を買ったかなどがわかってしまう。この署名をおこなう時に銀行に貨幣番号が見えないようにしてプライバシーを守ろうとする技術がブラインド署名だ。

---

[*1] David Lee Chaum（デビット・リー・チャウム）：1981年の論文「"Untraceable Electronic Mail, Return Addresses, and Digital Pseudonyms"：追跡不可能な電子メール、返信先アドレス、およびデジタル匿名」は匿名通信研究の基盤を築いた 。1982年にブラインド署名に関する論文を発表。1983年にブラインド署名を利用した匿名電子通貨のスキームを提唱した。
　D.Chaum, Blind signatures for untraceable payments, Advanced in
　Cryptology - Proceedings of Crypto 82, 1983, p. 199-203.

## ▼電子通貨のための電子署名とブラインド署名

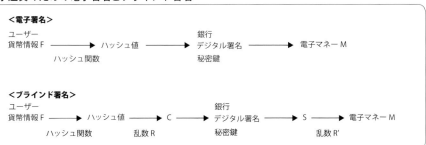

この暗号化をおこなう前の貨幣情報を$F$、デジタル署名をおこなった電子マネーを$M$とするとデジタル署名は次のように表される。

$$F^e \bmod n = M$$

どこかで見覚えがある公式かと思うが、実はRSAの暗号化と同じものだ。デジタル署名は公開鍵暗号RSAによって暗号化がおこなわれる。
ブラインド署名のプロセスは次のようになる。

貨幣番号や取り扱い銀行がわからないようにするために、ユーザーが$F$を乱数$R$で$C$に暗号化して、これを銀行に送る。実際のプロセスとしてはプログラムの中でおこなわれ、乱数などを意識する必要はない。

$$C = FR^d \bmod n$$

銀行でデジタル署名をおこない$S$を生成する。$(e, n)$は銀行の暗号鍵である。

$$S = C^e \bmod n$$

ユーザーが乱数$R$で署名入りの$S$を受け取り、$S$から電子マネー$M$ができる。$(e, n)$はユーザーの暗号鍵である。

$$RR' \bmod n = 1$$

また、$S$は次のように表される。

$$S = C^e \bmod n$$
$$\quad = FR^{de} \bmod n \quad \cdots 解説(a)$$
$$\quad = F^e R^{ed} \bmod n$$
$$\quad = F^e R \bmod n \quad \cdots 解説(b)$$

従って、

$$SR' \bmod n = F^e R \bmod n \times R' \bmod n$$
$$= F^e R R' \bmod n$$
$$= F^e \bmod n \quad \cdots 解説(c)$$
$$= M$$

(a) $C = FR^d \bmod n$ から $FR^d = an + C$ （$a$ は任意の自然数）
従って、
$$S = C^e \bmod n$$
$$= (FR^d - an)^e \bmod n$$
ここで $(FR^d - an)^e$ を展開すると、$n$ を含まない項は $(FR^d)^e$ のみなので、
$$S = (FR^d)^e \bmod n$$

(b) $F^e \bmod n = Y$ としたとき、$F^e = bn + Y$ （$Fb$ は任意の自然数）
$$Y = F^e - bn$$
となる。
また $Y^d \bmod n = F$ であるから、この式に $Y = X^e - bn$ を代入し
$$Y^d \bmod n = (F^e - bn)^d \bmod n = F$$
$(F^e - bn)^d$ を展開すると $n$ を含まない項は $F^{ed}$ のみなので
$$(F^e - bn)^d \bmod n = F^{ed} \bmod n = F$$
従って、
$$F^{ed} \bmod n = F, \ F^{ed} = cn + F \, (c は任意の自然数)$$
$$R^{ed} = dn + R と表せるので (d は任意の自然数)$$
$$(F^e R^{ed}) \bmod n = \left\{ F^e (dn + R) \right\} \bmod n$$
$$= (F^e bn + F^e) \bmod n$$

(c) $RR' \bmod n$ から $RR' = bn + 1$ （$b$ は任意の自然数）
$$(F^e R) R' \bmod n = F^e (bn + 1) \bmod n$$
$$= (F^e bn + F^e) \bmod n$$
$$= F^e$$

## ▌その他の電子署名

　ブラインド署名が電子マネーにとって有益なことはおわかり頂けたであろう。更に以下のような様々な活用方法が考案されている。

(1) **フェアブラインド署名:** ブラインド署名の機能に加え、事前に設定された特定の第三者(裁判官など)に署名と対応するメッセージを抽出できるようにすることで、マネーロンダリングの防止などの機能を提供できる。

(2) **グループ署名:** 会員サービスなどで、受け付けた店舗ではユーザーの情報を知られることなく利用でき、サービスの提供会社ではその利用者を特定できる仕組み。

(3) **多重署名:** 報告書への複数人による確認署名、回覧物への署名などに利用できる。

(4) **リング署名:** メンバが順番に隣のメンバの公開鍵を使って署名していき、最後に最初の署名者に戻ったときに署名者の秘密鍵を使って署名を終了する。署名から署名者を特定することは不可能である。

(5) **ゼロ知識証明:** ユーザーが証明を必要とする相手と何度かやり取りをおこない、相手に自身の情報(秘密鍵a)を伝えずに、秘密鍵aを持っているという事実のみを伝える技術。数度のやり取りで証明する「対話的ゼロ知識証明」と、一度のやり取りで済む「非対話ゼロ知識証明」がある。

▼フェアブラインド署名

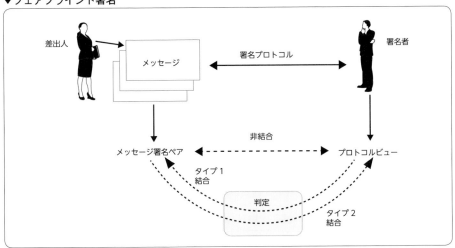

# 第5章
# 埋め込まれたコード　電子透かし

## 5-1 著作物と電子透かし

**埋め込まれたコード　電子透かし**

　著作物のデジタル化と表現、流通手段の多様化は、従来の著作権法では著作物を保護しきれなくなってしまった。

　特に情報ネットワークの国際的な著作権問題では、この取り決めであるベルヌ条約では対応できなくなり、1971年以来、四半世紀ぶりの1996年12月に改正され、ネットワーク上の著作権を認めることになった。

　今ではパソコンを使い、誰もがデジタル著作物の複製や加工ができるようになっている。著作物の購入者自身が個人的な複製利用[1]の範囲内であれば著作権者に対する損失は無視できるのではないかと考える。しかし、それをウェブ上に公開したり、複製物を他人に販売するような行為は論外である。インターネットの普及は知らず知らずのうちに著作権を侵してしまう可能性もあるので、ホームページ制作などでは注意する必要がある。

　従来は写真データベースの無断複製や無断利用に対しコピーライトが表示されていないと、その出所を簡単に確認できなかった。しかし、電子透かしによるコピーライトの書込みにより、不正な2次利用と思われる画像については、この電子透かしで確認することが可能となる。このような不正行為の牽制、抑止を「ソーシャルDRM[2]」と呼ぶ。

　このような動画、静止画や音声などのデジタル著作物の著作権を保護するために電子透かし技術が利用されるようになった。

　人間の聴覚には大きな音に近い周波数の小さな音が聞き取りにくいという特性(マスキング効果)がある。音楽に使われる圧縮技術のMP3はこの特性を利用して、マスキングされる音の成分を削除することで音楽データの圧縮をおこなっている非可

逆圧縮である。逆にマスキングされる部分に著作権情報を埋め込むことで、透かしやDRMによる複製防止に利用されている。

　欧米ではこの電子透かしを利用したデジタル著作権管理サービスがおこなわれている。また、国内でも電子透かし埋め込みソフトウェアとインターネットの巡回サービスを組み合わせての提供サービスなどがおこなわれている。

---

*1 個人的な複製利用：たとえば、自身で購入した音楽CDを自分のスマートフォンにコピーして聴く、といった個人内で完結しているケースであれば、著作権者の損失にはならないと考える。一部の著作権管理団体ではこれは損失であり、デバイス毎のメディアを購入するべきだと考えている様子もあるが。パソコンのiTunesで保存して聴く。メディアサーバに保存して聴く、といった利便性まで制限されるようなら、結局はユーザーからも見向きされなくなるであろう。
*2 デジタル著作権管理：Digital Rights Management, DRM.

## 5-2 電子透かしとは

**埋め込まれたコード 電子透かし**

　透かしといえば身近な物としては紙幣の偽造防止に使われて来た。歴史に登場する透かしは13世紀にイタリアに登場し、急速にヨーロッパの製紙業者や貿易会社に広がった。
　やがてデジタル社会になり、デジタル化された映像や音声などに通常では知覚できないマーカー(データ)を埋め込んだ電子透かし(Digital Watermarking[1])が活用されるようになった。また、この技術は印刷物にも応用されている。

　「電子透かし」(Electronic Water Mark)という用語が世の中に登場したのは1993年12月に豪州シドニーで開催された学会でマッコーリー大学(Macquarie University シドニー)のアンドリュー・ターケル(Andrew Z. Tirkel)、チャールズ・オズボーン名誉教授(Charles F. Osborne)、ジェラルド・ランキン(Gerard A. Rankin、1993年6月の修士論文および研究仲間)らによって発表された論文[2]による。
　スペクトラム拡散技術[3]の概念を応用したステガノグラフィー(steganography[4])による埋め込み、および抽出に成功している。このような隠蔽技術を「データ・ハイディング(data hiding[5])」や「データ埋め込み(data embedding)」、「指紋(fingerprint)」などとも呼ぶ。紙幣に「透かし」を入れて偽造を防止するかのように、デジタル著作物に目に見えない情報を書き込む技術だ。厳密には情報自体を撹拌する暗号技術とは区別されているが、暗号の目的とすることと同じ用途もあり、本書で取り上げている。

　電子透かしは次のような目的に利用される。

- 著作権識別、所有権の証明
- 著作物保護、コピー制御
- 改ざん検出
- 裏切り者追跡(traitor tracing)、流通経路追跡
- ソーシャルネットワークのコンテンツ管理
- ビデオ認証

電子透かしを埋め込む対象をホスト信号と呼ぶ。埋め込んだ電子透かしの改ざんや消去などの行動、画像そのものの改変なども含めて「攻撃(attack)」と呼ぶ。また、電子透かしを改ざん、あるいは消去することが難しいという性質を「ロバスト性(robust)」と呼ぶ。

　一般に、堅牢な透かしまたは知覚できない透かしのいずれかを作成することは容易であるが、堅牢で感知できない透かしの作成は非常に困難であることが証明されている。

　埋め込んだデータが明らかに目立つ場合には「バーコード」と呼ばれる。

　電子透かしの技術要件には以下のことが挙げられる。

## (1)コンテンツの劣化防止

　コンテンツの品質を損なわず、コンテンツの価値を損なわないこと。

## (2)高い透かし耐性

　コンテンツが素材の場合、利用者が加工、編集して利用することが想定される。不正利用に関しても同様で、このような処理がおこなわれても埋め込み情報が失われず、検出できなければ電子透かしとしての意味が無い。

## (3)検出ソフトの正確性

　情報を埋め込んでいないコンテンツから何かしらの検出がおこなわれる、誤検出が多いとコンテンツの検証効率が落ちてしまう。

## (4)埋め込みビット数の確保

　利用目的に適合した情報量を埋め込めること。意味のある情報を埋め込めないと著作権を主張する法的な根拠にならないからである。

## (5)透かしの堅牢性

　透かしの埋め込み方法が推定されにくく、改ざんが容易ではないこと。

　透かしの埋め込み方法には以下のような手法がある。

## (1)画素値LSB変更法

　画像の特定位置にある画素の輝度(濃淡)情報の最下位ビット(LSB[*6])を書き換え

る手法である。現状パソコンではディスプレイの制約上、輝度を8ビット(0〜255)で表現している。その最下位1ビットの変更では、人間の目で違いを識別することが難しいことを利用したデータの埋め込み手法である。特に輝度の高い画素の中の輝度の低い画素は、人間の視覚のマスキング効果により見えにくいという特性がある。

## (2)周波数変更方式

画像の周波数成分を変更する方式。画像の周波数成分は、画像の位置により異なる輝度の差と位置の関係を振幅、周波数、位相で表現することができる。この値を視覚的に認知できない範囲内で変更を加えて情報を埋め込む手法だ。

## (3)スペクトラム拡散技術を応用した電子透かし

狭帯域の電子透かし信号を広帯域に拡散させてコンテンツに埋め込む。

情報を拡散することにより各種信号処理や幾何学的改変、結託攻撃[7]など、各種攻撃に対して高い耐性が得られる。ただし、スペクトラム拡散はホスト干渉[8]のために情報量が低くなる。

---

[1] 電子透かし：Digital Watermark とも言う。

[2] A.Z.Tirkel, G.A. Rankin, R.M. Van Schyndel, W.J.Ho, N.R.A.Mee, C.F.Osborne. "Electronic Water Mark". DICTA 93, Macquarie University. p.666-673

[3] スペクトラム拡散：元々は無線通信に応用されている技術で、直接拡散方式と周波数ホッピングという技術がある。広い帯域に拡散することにより雑音に対して有利になるほか、秘匿効果も高い。

[4] ステガノグラフィー：データー隠蔽技術。データそのものの存在を隠す技術。

[5] データ・ハイディング(data hiding)：情報ハイディング(Infomation hiding)などとも呼ばれる。

[6] 最下位ビット(LSB)：least significant bit　2進数表現の一番小さな値。

[7] 結託攻撃：コンテンツがユーザー毎に異なった指紋が埋め込まれている場合に可能な手法で、複数のユーザーが結託してお互いのコンテンツの違いを比較し合うことで符号を書き換える手法。

[8] ホスト干渉：ホスト信号(画像、動画データや音声データ)とは電子透かしを入れる前のオリジナルの状態を言い、スペクトラム拡散で多くの情報を入れようとすると、透かし埋め込み処理後のデータに影響が現れることを言う。

## 5-3 電子透かしの新たな用途

**埋め込まれたコード　電子透かし**

　米国Digimarc社が開発したDigimarc Barcodeは、電子透かし技術で商品パッケージ全体をバーコード化する技術だ。バーコードを読む際に、バーコードの位置を気にする必要が無いためレジでの読み取り時間が短縮される。カメラで複数の商品をまとめて認識して会計をおこなうといったことも実現できる。

　店頭に並べた商品パッケージにスマートフォンを向けると商品情報を見られるといったサービスを提供することも可能だ。成分情報などを見やすい大きさの文字で確認したり、レシピを表示するといったサービスも可能になるだろう。

　国内でも始まった無人店舗ではカメラでの画像認識により商品を認識しているが、今まで店頭に無かった商品を店舗に出す場合には、事前に商品コードや価格と共に画像の認識登録が必要になるだろう。パッケージ全体がバーコードなら、事前登録や画像認識処理の負荷を軽くすることが可能なのではなかろうか。

　デジタルサイネージに電子透かしを入れることで、スマートフォンをかざすだけで関連情報を取得できるサービスが始まっている。表示されている映像の詳細情報、多言語対応やロケーション・サービスなど、ウェブと連携した様々なサービスが提供できるだろう。QRコードを使用した場合にはその配置が問題となりデザイン性が損なわれてしまうが、電子透かしであれば画面全体を従来通りにデザイできる。

　しかし、電子透かしが単にURLへのリンクであればBluetooth（ブルーツゥース）によるサービスと何ら変わらないものになってしまう。このサービスの要となるのは専用アプリケーションであろう。デジタルサイネージ用電子透かしの方式が標準化され、共通基盤となるアプリ1つのインストールで済むのであれば良い。しかし、サービス会社毎に異なるアプリのインストールが必要となると利便性が損なわれ、普及にも時間が掛かることが想定される。魅力あるコンテンツ・サービスやイベントも必要になるであろう。

　電子透かしの新たな用途としてリレーショナルデータベース（RDB）の電子透かしがある。これは著作権保護、改ざん検出、裏切り者追跡、リレーショナルデータの完全性維持を提供するソリューションの1つとして登場した。これらの目的に対処

するために、多くの透かし技術が提案されている。

これは研究機関や企業などの研究開発用サーバなどにも応用可能であるように思われる。

## 5-4 電子透かしに代わるもの

**埋め込まれたコード　電子透かし**

電子透かしはデジタルコンテンツにマーカーとなるデータを埋め込む手法であったが、これとは逆にコンテンツの指紋とでも呼べるフィンガー・プリント（動画の特徴を取り出し数値化して置く）を取り出し、これを元に同一性の確認をおこなう手法が活用されている。プログラムであれば、ハッシュ値による改ざんの検出といった利用方法を既に紹介したが、画像や動画なども同様に画像の周波数成分などからフィンガー・プリントを取り出すことが可能だ。

このフィンガー・プリントをコピーの検出に利用するサービスが始まっている。Google社のYouTubeでおこなわれているContent IDという著作権管理サービスだ。

このサービスは著作物の不正利用を防ぎたいといったケースや、著作権を登録したユーザーのコンテンツがコピーされてYouTube上で使用されることを防ぎたいといったことに対応するサービスだ。このサービスでは保護の対象となるコンテンツ（音楽や映像など）のフィンガー・プリントを取り、サーバに保存する。著作権者がYouTubeに動画を投稿する場合には、投稿時にコンテンツのフィンガー・プリントを取ってサーバに保存される。

YouTubeの一般投稿者のコンテンツもすべてフィンガー・プリントが取られ、著作権者のフィンガー・プリントと比較されるのだ。

違反が見つかった場合には違反者に通告し削除するか、広告を入れて収益化するかを選択できるサービスだ。ただし、このサービスを利用するためには一定の基準を満たす必要がある。

**参考資料**

- Content IDの仕組み
  https://support.google.com/youtube/topic/4515467?hl=ja&ref_topic=6186113

## 5-5 AIの驚異が迫る

**埋め込まれたコード　電子透かし**

　2018年7月、コンピュータのグラフィックスや演算の処理高速化を目的とする半導体、GPUの開発販売をおこなうメーカーNVIDIAがMIT（マサチューセッツ工科大学）、Aalto University（フィンランド）の研究者らと、AIを利用して画像からノイズや加工を取り除く技術開発の成果を、機械学習に関する国際会議ICMLカンファレンスで発表した。

　深層学習[*1]でノイズ、粒状感のある2つの入力画像を例にして画像を復元をするトレーニングがおこなわれた。

　このAIは自動的に加工、ノイズ、粒状感を除去することができた。これは長時間露光でノイズが増えてしまう天文写真やMRI（磁気共鳴イメージング）画像の処理などで威力を発揮する。更に画面上のテキストや透かしなども無かったかのように処理してしまうのだ。

　インパルスノイズ、ガウスノイズ、有害なノイズ、モンテカルトレンダリングなど多くのノイズに対して有効であり、画素値LSB変更法なら容易にクリーンアップできそうな能力だ。

　深層学習を続ければ画面上に拡散された電子透かしも取り除いてしまうことが可能になるかもしれない。

---

[*1] 深層学習：ディープラーニング（deep learning）。人工知能（AI）の中核技術で、生物の脳神経細胞を模したニューラルネットワークに学習する（数多くのデータを読み込ませる）ことで、データの特徴を捉え、人間の認識精度を超えることも可能になってきた。胃カメラによる癌組織の発見など実用化が目前になっている。

**参考資料**

- Research at NVIDIA：AI Can Now Fix Your Grainy Photos by Only Looking at Grainy Photos
  https://www.youtube.com/watch?v=pp7HdI0-MIo
- AI Can Now Fix Your Grainy Photos by Only Looking at Grainy Photos
  https://news.developer.nvidia.com/ai-can-now-fix-your-grainy-photos-by-only-looking-at-grainy-photos/
- Nvidia Taught an AI to Flawlessly Erase Watermarks From Photos
  https://gizmodo.com/nvidia-taught-an-ai-to-flawlessly-erase-watermarks-from-1827474196

## 5-6 イスラエル生まれの画像化暗号ソフト

**埋め込まれたコード　電子透かし**

　暗号化の変形の1つで画像に関する変わり種なのでこちらで紹介することにする。

　イスラエル[1]は画像処理などで優れたソフトウェアを開発している。これは徴兵の際、優秀な人を集めてコンピュータ、ソフトウェア開発の訓練に力を入れている成果と言える。徴兵を終わったこれらの人々は民間企業でソフトウェアの開発に従事することになる。四国ほどの面積の国に、世界中のベンチャーキャピタルからの総投資額は5,933億円（2017年,IVC Research Center レポート）に達する。

　1990年代。そんな環境からユニークな暗号ソフトウェアが誕生している。InfoImaging Technlogies 社の開発した、3D FaxFile というソフトウェアだ。3D FaxFile は文書データや画像データを TV のホワイトノイズ画面のような白黒の画面に変換する。見つめていると文字などが浮き出る3D画像に似たものだ。

　A4版1枚分に約300ページ分のデータを詰め込むことができ、カラー画像や音声、プログラムまでもこの3D FaxFile で送ることができてしまうのには驚かされる。このようにして作られたデータは印刷してFAXで送ったり、インターネット経由で送ることも可能だ。FAXで受信した場合にはスキャナーで読み込んだ画像ファイルから解読をおこなう。また、インターネット経由ではデータファイルを直接解読することができる。暗号ファイルには9文字だがパスワードを付加することができる。

　パスワードに関しては総当たり法で解読できなくはないが、FAXを使用した場合にはデータを盗まれる危険は大変少ないかもしれない。

　また、インターネット経由においてもデータが特殊なため、解読される危険は非常に少ないと思われる。たとえば音声を3D FaxFile に変換していた場合などは、暗号化の方法がわからなければ解読は非常に困難だろう。

　InfoImaging Technlogies 社ではアプリケーションのカスタマイズもおこなっており、カスタマイズされたソフトで暗号化されたデータは市販の3D FaxFile で解読することはできない。この3D FaxFile を利用して光学式のIDカードなどに利用することも可能だ。名刺大のカードでも多くの情報を書き込むことが可能となる。

---

[1] イスラエル：イスラエルには RSA 方式の暗号製品を世界で最初に開発しているアルゴリズミックリサーチ（Algorithmic Research）という会社がある。

**参考資料**

- 『スタートアップ大国 イスラエル』,Strategic Investment Partners Inc.
- イスラエル経済月報（2018 年 8 月），在イスラエル日本国大使館（担当：経済班 栗田 宗樹）

# 第6章
# 広がる暗号技術の利用と次世代暗号技術

## 6-1 暗号技術の解放 〜大衆のための公開暗号 PGP
### 広がる暗号技術の利用と次世代暗号技術

　1980年代、米国の暗号輸出規制は国際間の暗号メールの交換に支障をきたすことになった。同じソフトを使用しても米国と海外で使用されている暗号鍵の長さが異なるため、暗号化された電子メールの交換ができなかったのだ。

　そんな問題を解決することになったソフトが1991年に登場した。反核運動家からプログラマーに転身したフィル・ジマーマン（F.Zimmermann）が開発した公開鍵暗号ソフトPGP（Pretty Good Privacy）だ。この名前が示すように個人のプライバシーを守る大衆のための暗号ソフトとして開発され、フリーソフトとして提供されている。その暗号強度はフリーソフトとはいえ、必要十分以上の強度をもったものでNSA高官もその恐るべき強さを語っている。

　反核運動をおこなっていたジマーマンは、国家の公開情報法に不満を抱いていた。そして、プライバシーの保護のために暗号が必要と考えたのである。1986年からチャーリー・メリットという人物から公開鍵暗号のノウハウを伝授してもらい、こつこつと暗号プログラムを作り続けていた。そして、プログラムの完成間近となった1991年、連邦議会に上院266法という法案が提出された。これは通信事業者に対する公開情報法とでもいうべきもので、インターネットも国の管理下に置かれることになる。また、この法律が施行されれば暗号使用禁止法に等しいものとなるのだ。このことを危惧したジマーマンは法律が可決される前に、暗号ソフトを配布することを決意した。何年もかけて作り上げたPGPにはRSA暗号の特許が使用されており、アメリカ国内ではRSA社の特許が独占的に認められていた。このためジマーマンはRSA社のライセンスを求めたが、ライセンス契約には至らなかったため販売を断念しなければならなかった。結局、無料で友人達に配布することになった。目的達成のためには特許違反もやむを得ないと考えたのであろう。PGPの無料配布は、彼の初心

でもある暗号の大衆化という信条を果たすこととなった。PGP配布1週間後には幸いにもこの法案は廃案となった。

## ■ 平和運動活動家が武器輸出業者に!?

　PGPは本人の予想以上の反響を引き起こした。ジマーマンの配布したPGPは、次々にコピーされ広まっていったが、インターネットを介して海外にも流出することになった。

　このことは新たな問題を引き起こすことになった。政府当局にとっては見過ごせない事態となったのだ。フリーソフトとはいえ、すべての暗号製品は輸出規制の対象となるからだ。そのためPGPの公式な配布サイトであるMITのFTPサーバーでは、海外からのダウンロードができない。一方でジマーマンは、暗号ソフト開発者向けにPGPのソースコードを掲載した本（PGP：Source Code and Internals/The MIT Press 1995）を出版した。政府は出版物まで規制することはできない。この行為は海外流出の歯止めを取り払ったと言える。米国からプログラムのダウンロードができなくても、この本を参考に自ら作ることが可能となる。

　1993年2月、FBIがPGPの輸出をめぐって、武器輸出規制違反容疑で調査を開始した。元反核運動家が武器輸出規制違反容疑というのだから、本人にとってもまさに晴天の霹靂であったろう。武器輸出規制違反は懲役10年という重罪だ。ジマーマンは弁護士を雇い、一方ではインターネット上でジマーマン支援のホームページが開設され「ジマーマン弁護基金」が設立された。10人程の弁護士が無料での協力を申し出たほか、ジマーマンのメールアドレスには彼の作ったPGPを利用し、全世界の多くのユーザーからクレジットカード番号と寄付金額を書いた文書が、ジマーマンの公開鍵で暗号化され送り届けられた。

　3年近くの調査の後、結局、当局は起訴を見送った。インターネットを経由して広がっていくことを「輸出」と言える確信が持てなかったばかりではなく、ジマーマンの告訴が大きな注目を集め、政府による暗号対策そのものへの疑問へと発展してゆく可能性なども危惧されたのだろう。また、この年末には暗号は武器の分類から外され、商務省の管轄に移管された。

　RSA社のジム・ビゾス（Jim Bidzos）はPGPの普及により自社の権利を侵されたことに怒りを覚え、PGPの配布をやめさせようとしたが、インターネットに乗ってしまったPGPの普及を止めることはできなかった。そこで、ビゾスはRSA暗号の使用を非商業用途に限って認めることにし、その代わり暗号の心臓部にはRSA社の開発した

「RSAREF」というソフトを組み込まなければならないとした。これはRSA社の製品版より処理速度を遅くしたものであった。「PGP Ver.2.6」からはこれが組み込まれ特許侵害の問題はなくなった。

ビゾスはRSAを組み込んだPGPの普及を逆手に利用し、RSA暗号の標準化を目論んだのだ。

利潤は企業販売のライセンスで得ることができる。この計画は見事成功を収めた。「RSAREF」は様々な無料ソフトで使用され、なかば暗号の標準となっていたことから、遂にはネットスケープやマイクロソフトの製品にRSA暗号が採用されることになった。

PGPの基本となっている公開鍵暗号方式はRSAだが、国際バージョン(PGPi)は同社の特許が及ばない海外で作られている。鍵長はパソコンの処理能力に合わせて2048ビットまで自由に選ぶことができる。最近のパソコンでは1024ビットでも十分な速さで暗号化、復号をおこなうことができる。

また、共通鍵暗号方式には1990年に開発されたIDEAのアルゴリズムが用いられており、鍵長は128ビットである。国際版は国内でも入手できる。

アップルのiOS用のiPGMailやGoogleのAndroid用のOpenKeychain、Windows用のBecky! MailなどOpenPGPが利用可能なアプリケーションがあり、電子メールとファイルの鍵生成と暗号化／復号化が可能だ。

## 6-2 新しい公開鍵のカタチ 〜IDベース暗号(IBE)

**広がる暗号技術の利用と次世代暗号技術**

公開鍵暗号ではあるが、鍵事前配送方式KPSのような公開鍵認証(PKI)ではなく、鍵生成センター(KGC[*1])を利用し、認証、署名、暗号化等の方式をIDに基いて実現する方式である「IDベース暗号(IBE[*2])」の研究が進められている。

このIDベース暗号とは、個人を特定できるEメールアドレス、携帯電話番号などの識別子(ID)を元にした、非対話的なIDベース鍵共有方式、IDベース鍵配送方式およびIDベース暗号化方式を指す。

公開鍵認証センターが不要で、新規ユーザーが公開鍵の入手や認証をおこなうことなく、受信者IDが信頼できれば暗号文の作成を容易におこなうことができる。

この方式では鍵生成センターの高い信頼性が必要になるのは言うまでもない。

もし、マスター鍵の更新が必要になった場合には、すべてのユーザー鍵の更新も必要になる。また、ユーザー鍵が漏洩した場合には、IDとして関連付けられた情報の変更が必要になってしまう。このユーザー宛の暗号文は攻撃者により復号可能となり、IDの特質（メールアドレス、携帯電話番号、実名など）を考えた場合、ユーザー鍵の無効化は容易ではない。

このような課題があるものの、IDベース暗号では今までに無かった以下のようなことを実現できる。

- タイムリリース暗号：復号が可能になる時刻を設定できる。
- 放送暗号：多数の受信者に送信しても、暗号サイズが大きくならならずに送信が可能。
- キーワード検索暗号（PEKS[*3]）：暗号文のままキーワード検索が可能。

IDベース暗号研究の過程で楕円曲線上のペアリングを用いた方法（楕円曲線上の離散対数問題を解く手法）が登場し、このペアリングを用いた暗号が注目されることになった。

その後、distortion写像を組み入れたIDベース暗号、平方剰余判定問題の困難性に基づき、1bitのみを暗号化するIDベース暗号が提案されている。

---

*1 鍵生成センター（KGC）：Key Generation Center
*2 IDベース暗号：IBE：ID-Based Encryption
*3 キーワード検索暗号：PEKS：Public key Encryption with Keyword Search

参考資料
- IDベース暗号に関する調査報告書、CRYPTREC ID ベース暗号調査WG、平成21年3月
- NTT技術ジャーナル 2010.2、小林鉄太郎、山本剛、鈴木幸太郎、平田真一　NTT情報流通プラットフォーム研究所

# 6-3 仮想通貨を繋ぐ!? ～ブロック・チェーン

**広がる暗号技術の利用と次世代暗号技術**

## ■ビットコインの誕生

　ICT（通信情報技術）の進歩は金融業界にフィンテック（fintech*1）と呼ばれる大きな変革をもたらそうとしている。小売店でタブレットPOSなどレジサービスと連動して得た情報を元に、販売業者へのタイムリーで積極的な融資を可能とするシステムの登場。店頭のレジから現金を引き出せるキャッシュアウトと呼ばれサービスなどICTが無くては不可能だったサービスを広げつつある。また中国やインドで急速に普及したQRコード決済に見られる現金主義から電子決済への移行。そして、ビットコインに代表される仮想通貨の登場は従来型の金融システムの在り方を再考させる出来事となっている。

　仮想通貨のコンセプトはコンピュータエンジニアであるウエイ・ダイ（Wei Dai）により1998年にサイファーパンク（cypherpunk）のメーリングリストで公開された。10年後の2008年、「Satoshi Nakamoto」と名乗る謎の人物によりmetzdowd.comの暗号論理関連のメーリングリスト上に"Bitcoin: A Peer-to-Peer Electronic Cash System"（ビットコイン：P2P電子マネーシステム）という論文が発表され、翌年にはオープンソースのソフトウェアが公開されて、世界最初の仮想通貨、ビットコインの運用が開始された。ビットコイン関連の技術、取引状況などはすべて公開されて運用されている。

## ■仮想通貨のコア技術、ブロックチェーン

　ブロックチェーン（Blockchain）は仮想通貨を支えるコア技術で、データの改ざんが極めて困難な技術だ。詳細についてはビットコインを例に紹介する。

　銀行の場合、取引の情報は事務センターのコンピュータに集約される。データを失なったり改ざんされないために、ハードウエア、ソフトウェア、運用において様々な対策がおこなわれている。

　一方、ブロックチェーンは世界中の仮想通貨ネットワーク利用者のすべてのコンピュータ上に取引データを記録（分散型取引台帳技術）する分散型ネットワーク（P2P）を利用している。

サイバー時代の暗号技術

専用のサーバなどを構築する必要が無いため、運用や保守などに掛かる費用は非常に安く、安価な取引手数料で国境を越えた取引も可能なことなどから急速に普及した。[2]

特定のデータ管理企業などが存在しないこの方式は、オープンブロックチェーンとも呼ばれる。


取引がおこなわれると、その取引のオーナーの公開鍵と前回の取引のハッシュ値を求め、前回取引のオーナーの秘密鍵により署名される、次の取引がおこなわれると新しいオーナーの公開鍵と前回取引のハッシュ値が求められ、前回取引のオーナーにより署名される。

ブロックチェーンは取引台帳の記録を開始して、設定された時間が経過すると取引データをひとまとめにして保管（これをブロックと呼ぶ）するために、前のブロックで求められたハッシュ値（これがブロック間のチェーンの役目）と今回保存した取引データを、ひとまとめにして次のチェーンに利用する新たなハッシュ値（SHA256）を求める。

ただし、ここで新たに求めるハッシュ値の先頭に、0が18個以上連続する値が求められるようにナンス（nonce）値という10桁のデータを加える。

ハッシュ値を求めることは簡単だが、任意のハッシュ値にするために求められるナンスは膨大な計算によって求められる大変難しい作業となる。

ナンスが求められると結果を提出して認証を受け、ナンス値に間違いが無ければ、求められたハッシュ値と次の所有者のパブリック・キー（公開鍵）をデジタル署名でコインの最後に加え、次の電子コイン所有者へと転送し、P2Pネットワークユーザー皆でデータを保管する。（仕事の証明／PoW：Proof of Work）

ナンス値が求められて出来上がったブロックは、先に作られたブロックのハッシュ値を持つことで、ブロック同士が関連付けられることから、過去のブロックになるほど改ざんすることはとても困難なことになる。

現在、このブロックは50万個くらい連なっている。1つのブロックデータはP2P利用者のPCに保存されることでデータ保存の安全性も高まる。

ビットコインへの参加、取引履歴、ブロックチェーンの公開情報などは以下のアドレスから確認することができる。


Bitcoin.com ⋯⋯⋯⋯⋯https://www.bitcoin.com/

BLOCKCHAIN ⋯⋯⋯https://www.blockchain.com/

▼ブロックチェーン

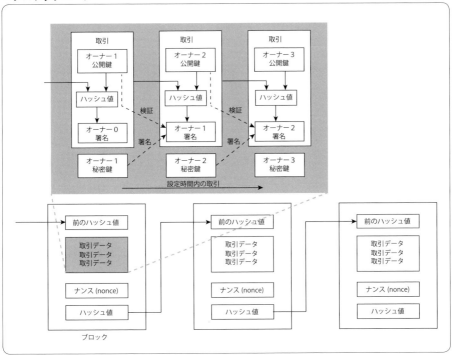

---

*1 フィンテック(fintech)：ファイナンス(Finance)とテクノロジー(Technology)を組み合わせた金融技術
*2 因みにATM 1台の維持費は年間1千万程掛かっていると言われ、全国に20万台以上存在している。(日経新聞2017年12月24日)経済産業省のキャッシュレス・ビジョン(2018年4月)によれば、今後10年間にキャッシュレス比率4割を目指すとしているが、これにより銀行やスーパーなどの経費が削減される。

## COLUMN

### コイン採掘

　ブロックチェーンの取引データのブロックを仕上げるために求められる「ナンス（nonce）」。このナンスを探す作業で一番早く見つけた人に報酬として、2018年現在、1ブロック辺り12.5BTC（約1,250万）＋送金手数料、1日1,800BTC＋送金手数料の報酬が与えられ、2140年までに2,100万BTC（上限数）に達すると見られている。

　このことから報酬目的でナンスを求めることを、「マイニング（mining：採掘）」と呼ばれるようになった。

　1ブロック辺りの報酬は4年ごと（21万ブロック生成毎）に半分に減っていく仕組みで、報酬が計算コストに見合わなくなれば、仮想通貨が利用されなくなる可能性も考えられる。

　公開された専用のソフトで簡単にマイニングに参加することができたことから、最初は一般的な個人が参加（ソロマイニング）していたが、ビットコインの価格が高騰し始めると、マイニングのために沢山のPCを用意して参加する人たちが現れた。

　やがてそれは高性能なグラフィックカード、GPU[*1]を搭載したPCとなり、その後、ナンス計算の専用ハードウエアをFPGA[*2]で制作したり、専用のASIC[*2]（エイシック）を制作しPCに搭載するといったことがおこなわれるようになり、ソロマイニングで報酬を得ることは難しくなってしまった。

　そこで、グループでのマイニングに参加し、計算を参加者に分配し、報酬が得られた場合には参加者の貢献度（計算量）に応じて配分されるプールマイニングが誕生した。

　また、企業などがマイニングへの参加者を集う、クラウドマイニングが登場している。P2Pに自分で参加する必要はなく、手軽に始められるというのが売りと言えるだろう。

　これらの計算をおこなうためには設備投資と同時に電気も多く使われることから、電気代の安い中国や冷却コストが安く付く北欧などで盛んにおこなわれるようになっている。

　ビットコインでは利用者の情報がブロックチェーンに残るが、仮想通貨の中には利用者を匿名化するものもあり、このような匿名通貨はマネーロンダリングに利用されやすく、採掘ソフトの中に、採掘した通貨を北朝鮮に送るように細工されたものが発見されたという報告もある。（AlienVault Unified Security Management & Threat Intelligence

---

*1 グラフィックカード：PCゲームに欠かせない高性能な専用グラフィックカードには、並列計算の得意なGPUが搭載されている。GPUは自動運転にも採用されており、NVIDIA社、AMD社のチップを搭載したグラフィックボードが国内市場の殆どを占めている。マイニング用ソフトはNVIDIA、AMD、CPUから選択設定、もしくは専用アプリを選択する必要がある。

*2 FPGA/ASIC：FPGA（field-programmable gate array）はプログラム可能な論理デバイス（PLD）の一種。起動時にプログラムを読み込み、専用の論理回路として動作する。一方、ASIC（application specific integrated circuit、エイシック、特定用途向け集積回路）は特定の用途に設計された専用LSIで、回路設計後に半導体製造メーカーで製造されるためFPGAより開発期間や経費は掛かるが、量産によりASICそのものの単価は安くできる。

## COLUMN

### コンピュータパワー拝借します（ステルスマイニング）…クリプトジャッキング攻撃

　ここ数年、マルウェアによりPCのデータを暗号化して身代金を要求する「WannaCry」に代表されるランサムウェアが話題になったが、新たな傾向としてウイルスに感染したPCに仮想通貨マイニングプログラムをインストールして、PCの持ち主に知られずマイニングに加担させる（ステルスマイニング）、クリプトジャッキング攻撃が2017年には8,500%に急増した。その件数は2017年12月だけで800万件、2018年にはビットコインの価格が下落したこともあってか減少傾向のようで、同年7月には500万件弱となっている。（シマンテック調査）

　サイバー犯罪者にとってクリプトジャッキング攻撃は、ランサムウェアでお金を手にするより足が付きにくいと考えているのかもしれない。

　ステルスマイニングがおこなわれている被害者のPCは動作が重くなったり、CPUの過負荷による発熱からCPUファンの回転が上がってうるさくなってしまうなどの現象が現れることが考えられる。

　Windows10環境でGPUが搭載されている場合には、タスクマネージャーでGPUの負荷状態を確認できるので、ゲームプログラムなど動かしていないのにGPU負荷が上がっているといったときには、ステルスマイニングが疑われる場合もあるのだ。（PCの起動時や更新プログラムのダウンロードやアップデート、アンチウイルスソフトの動作などにより、一時的にPCが高負荷になることもある。）

▼2017年1月から2018年7月にシマンテックによって遮断されたクリプトジャッキングイベントの総数

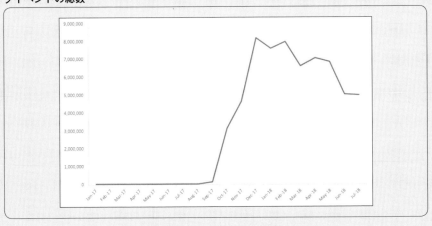

サイバー時代の暗号技術

## ■『ブロック・チェーン』は破られたのか!?

　個人がビットコインなどに登録をおこない取引することは可能だが、一般に仮想通貨の売買は「仮想通貨交換業者」を通して取引をおこなっている。

　仮想通貨交換業者は「仮想通貨販売所」または「仮想通貨取引所」を運営している。

　仮想通貨販売所は仮想通貨交換業者と直接、仮想通貨の売買をおこなう。購入価格は売却価格より数％高く、価格は常に変動している。一方の仮想通貨取引所では個人の売買を仲介している。売り主が数量、売却価格を設定し、仮想通貨取引所が取引手数料を上乗せしている。


　2014年のビットコイン交換所マウントゴックス（Mt.Gox）事件に始まり仮想コインの巨額流出事件が相次いで発生した。

　マウントゴックスは2010年からビットコインの交換所を設けたが、盗難により744,408ビットコイン（当時のレートで約430億円）と預り金28億円を搾取されていた。これは流通していた1,240万Bitcoinsの約6％に相当する。

　この事件の原因はシステムの不調とサイバー攻撃によるものとされたが、元社長であるマルク・カルプレスが自身の口座残高の水増し容疑や、顧客からの預金を着服したとして逮捕されているが真相は不明だ。

　2018年1月26日　coincheck（コインチェック）で580億円相当の仮想通貨NEMが不正に引き出された。ここでは社内の取引システムを仮想通貨NEM（ネム）のウォレットに接続したまま（ホットウォレット）運用されていた。しかも複数の秘密鍵を必要とする「マルチシグ」を導入していないというずさんな運用だった。

　ハッカーが標的型メールでコインチェック社内のシステムにハッキングできれば、ホットウォレットにアクセスできるという状態だったのだ。

　このように、仮想通貨盗難事件の多くは仮想通貨取引所のずさんなセキュリティ管理やシステムの不具合に乗じておこなわれたものが殆どであった。


　この他、取引所のシステムの問題点を突いた攻撃がある。二重支払い攻撃だ。

　ブロックチェーンでは取引（トランザクション）の認証まで10分程度必要となる。更にブロックの分岐（フォーク・・・以下で説明）を避け、確実にするためにはそのブロックから5個以上連結されるまで待つことが推奨され、1時間程度必要となる。取引所では顧客を待たせない（Fast payment）ために、支払いの場合、顧客のコインがブロックチェーンで未使用であることを確認したら、取引所のシステムでは支払いを済んだ処理をおこない、その登録も店舗内での取扱をまとめておこなうため、実際

のブロックチェーンへの登録まで時間が掛かるのだ。この時間差を利用し他の取引所や直接ブロックチェーンで送金をおこなうことで、二重の支払いが可能となってしまう。この際、遅れて処理された側のデータはネットワーク上から破棄されてしまうのだ。

このように仮想通貨の巨額流出の舞台の多くは仮想通貨取引所であったが、個人がフィッシングメールなどで仮想通貨を奪われるといったケースも存在する。一方で仮想通貨のパブリックブロックチェーン[*1]を直接攻撃する事件も発生し、モナーコインやビットコインゴールドなどに被害が出た。

ビットコインの提案者"Satoshi Nakamoto"自身が「ビットコイン：P2P 電子マネーシステム」の「4.プルーフ・オブ・ワーク（4.Proof-of-Work）」の中で『CPUパワーの過半数が良心的なノードによってコントローラされているとき、その良心的なチェーンは他のどのチェーンよりも早く成長する。過去のデータブロックを書き換えるためには、攻撃者はそのブロックのプルーフ・オブ・ワークだけでなく、その後に続くプルーフ・オブ・ワークを書き換え、更に良心的なチェーンに追いつき、追い越さなければならない。』と書かれている。このことは攻撃者がマイニング計算量の50%以上を持った場合、ブロックチェーンの改ざんが可能になるということを意味する。このような攻撃手法をプルーフ・オブ・ワーク51%攻撃（PoW 51% Attack）と呼ぶ。

このような攻撃をおこなうためには事前に仮想通貨を用意するなど経費が掛かるが、どの程度の費用が掛かるかは「PoW 51% Attack Cost[*2]」で公開されている。

このプルーフ・オブ・ワーク51%攻撃に類似した、セルフィッシュマイニング[*3]と呼ばれる攻撃にモナーコイン、ビットコインゴールド、バージといった仮想通貨のネットワークが次々と攻撃され被害を受けたのだ。

この攻撃は犯人がマイニングに成功しても報告（ブロードキャスト）せず、非公開で次々にチェーンを伸ばしてゆく（ブロックの分岐）。その間に送金や出金、他通貨への交換をおこない、それらが公開されたブロックに記録された後、非公開で伸ばしたブロックを公開することで、過去の取引はブロック毎削除される。

ブロックチェーンでは採掘の難易度（Difficulty）が常に調整されているが、モナーコインでは難易度が下がった時に攻撃を受けたようだ。この攻撃に高性能なコンピュータが準備されたことを考えると、個人レベルでの攻撃は考えにくい。

▼セルフィッシュマイニング概要

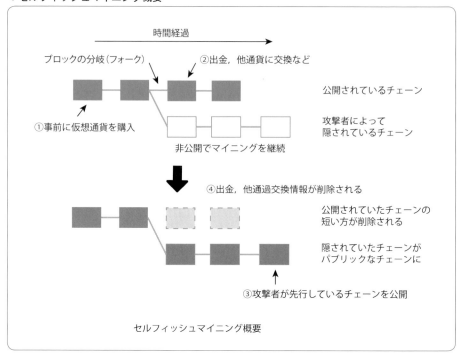

セルフィッシュマイニング概要

　ブロックチェーンの基本設計は改変に対して強固な作りになっているが、このようなオープンなシステムならではの弱点も持っておりセキュリティ上の課題となっている。

---

*1 パブリックブロックチェーン：P2Pネットワークに公開され誰でも参加できるオープンな仮想通貨システム。一方、外部にネットワークを公開しないクローズドパブリックブロックチェーンが金融機関、証券会社などでの活用が期待されている。
*2 PoW 51% Attack Cost
　https://www.crypto51.app/
*3 セルフィッシュマイニング：Block with holding attack などとも呼ばれる。

# 6-4 迫りくる量子コンピュータの驚異 ～量子コンピュータとは

**広がる暗号技術の利用と次世代暗号技術**

ブール論理に基づく論理演算の実現にデジタル回路が主流となっている現在、これに基づいたコンピュータでは電圧の「L：Low」「H：High」を2進数の「0」と「1」で表し、これを1ビットとしている。一度に扱えるビット数がいくら増えても、それで表すことができるのは1つの値でしかない。例えば、8bitで表現できる値は10進数の0～255のいずれか1つの値である。

一方、量子コンピュータは「量子の重ね合わせ[*1]」と「量子のもつれ[*2]」を利用することにより並列計算を可能にする。例えれば1量子ビット（qubit[*3]）は「1」と「−1」を同時に表すような2値の状態を持つことができる（重ね合わせの状態）。n個の量子ビットを持つ量子コンピュータは$2^n$個の任意の重ね合わせ状態にすることができる。16量子ビットでは$2^{16}$=65,536、50量子ビットでは$2^{50}$＝1,125,899,906,842,624の値を重ね合わせで表現できることになる。量子ビットは従来のデジタル回路よりも指数関数的に多くの情報を扱うことができるのだ。

この量子コンピュータには量子ゲート方式と量子アニーリング方式の2つの方式がある。

2011年に発表されたD-Wave Systems（カナダ）による世界初の商用量子コンピュータは量子アニーリング方式で、組み合わせ最適化問題に特化されている。

一方の量子ゲート方式は汎用計算が可能で、既存のコンピュータに置き換わるものとなる。2016年、IBMは5量子ビットの量子コンピュータを発表し、クラウドを通じて一般に公開した。2017年11月にIBMは商用向けの20量子ビットの量子コンピュータの提供と50量子ビットの量子コンピュータの準備を発表している。

しかし、量子の状態を安定的に保持し、その状態を検知するのは容易いことではない。エラー発生の原因となる外来ノイズや磁気、温度などの影響を防ぐため、量子ゲートデバイスの外部をシールドし、安定した空間の複数の量子による冗長性や誤り訂正が必要となる。現在の超電導に基づくデバイスは絶対零度に冷却しなければならないなど量子ビット数を増やすのは容易ではない。

このような中、次世代量子コンピュータとしてマイクロソフトでは量子ゲート方式のトポロジカル量子ビットによる量子コンピュータの研究を進めている。2016年

物質の「トポロジカル相*4」を理論的に発見した米国の3氏がノーベル物理学賞を受賞して以来、トポロジカル物質群*5の研究が盛んになった。

2017年9月マイクロソフトは世界初となる安定したトポロジカル量子ビットを実現する素材の開発と冷蔵装置を開発したと発表した。

トポロジカル量子コンピュータは環境ノイズに対して強く、量子情報を安定に保つことができ、高い温度での実現が可能となる。構造的に量子ビットを増やすことにも優位であろう。

2018年7月には京都大学、東京大学、東京工業大学らの共同研究グループが、80年以上もその存在の証拠が得られていなかった幻の粒子、「マヨラナ粒子*6」の存在を実証し、高温環境下でもマヨラナ粒子の量子化が得られた。量子研究による発見や成果が相次いでおり、これらは量子コンピュータ開発にはずみを付けることになるだろう。

量子コンピュータの現状は量子コンピュータ特有のソフトウェアの実証実験をおこなっているといった状況であるが、残念なことに日本での量子コンピュータの研究開発費は欧米の1/20と非常に少なく、この分野では出遅れてしまいそうなことが危惧される。

## ■ 何故、驚異となるのか

米国国家安全保障局NSAが暗号解読用に量子コンピュータの開発を、7,970万ドルの研究費用でおこなわれているとエドワード・スノーデンがウィキリークスに提供した文書の中にある。当然、ロシアや中国などでもそのような目的で研究はおこなわれていることだろう。この量子コンピュータは暗号にとってどれほど驚異となるのだろう。

---

*1 量子の重ね合わせ:1量子ビットは「1」と「−1」を同時に表すような2値の状態を持つことができる。量子ビット数により2の累乗のデータを表すことができる。

*2 量子のもつれ:1つの量子を複数に分けたもの。2つの量子がもつれているなら、その量子は元々1つであり、空間的に離れていても量子力学的に相互に影響を与える。量子はフォトンなど波により複数に分けることが可能である。

*3 量子ビット(qubit):量子コンピュータの情報量の最小単位で、quantum bit、Qbitとも表記する。

*4 トポロジカル相:ドライアイスが個体から気体へと昇華するように、明確に異なる状態(相)へと変化することを相転移と呼ぶ。これは超電導体や超流導体、磁性薄膜など特殊な物質の相においても起こる。
厚さが原子サイズと非常に薄い2次元の面では磁性が1方向に揃う「磁気相転移」は起こらないと思われていた。しかし、-270℃くらいまで冷やすと、この平面に右回り、左回りの磁気の渦を描き、それぞれの中心は台風の目のように磁気が無いトポロジカルな欠陥(取り除けない磁気の穴)のペアが生じる。この渦のペアができたり離れたりすることで相転移が生じる(KT転移)

*5 トポロジカル物質群:トポロジカルな相偏移が生じる物質。

*6 マヨラナ粒子:マヨラナ型フェルミ粒子のこと。フェルミ粒子(電子・陽子・中性子)には、その相方となる反粒子が別の粒子として存在する。ところがマヨラナ粒子はそれ自体がその反粒子と同一の性質を持つ。

▼「IBM 50Q System」50qubitの50Q Systemに接続したクライオスタット（低温に保つ装置）

出典:IBM Researchi - Flicker, CC BY-ND 2.0

https://www.flickr.com/photos/ibm_research_zurich/38239092692/in/photostream/

　それはまず従来のコンピュータに比べてより高速な演算が可能なことである。半加算器を論理回路のNANDゲート[*1]で作成すると5ゲート必要となるが、量子コンピュータでは2ゲートで実現できる。基本的に使用する素子数が少ないほど高速化が可能となる。また、重ね合わせの並列化[*2]により一度に多くの情報を保持し、処理をおこなうことが可能になる。量子ビット数が増えることで指数関数的に扱えるデータ量が増えることは先に述べた通りだ。

　次に、暗号解読の困難さとされる素因数分解のための量子アルゴリズム[*3]を高速に解くことが可能な「ショアのアルゴリズム（Shor's factorization）」を利用することができるからだ。

　素因数分解アルゴリズムのステップ数は、指数関数的に増える（指数関数時間）。しかし、ショアのアルゴリズムでは因数分解を多項式時間[*4]で高速に解くことが可能になる。また、少し改造することで離散対数問題（楕円曲線暗号など）にも対応が可能となる。

　GoogleはD-Wave SystemのD-Wave 2X（量子アニーリング方式）を評価し、最適化問題で論理上スーパーコンピュータの3,600倍の速度、単一コアプロセッサの$10^8$倍高速であると発表している[*5]。同様に量子ゲート方式においても従来のコンピュータと比較し高速であることが想像される。このことから「素因数分解の暗号解読の

困難さ」はあっと言う間に危殆化してしまうのだ。

## ▍次世代暗号のキーワードは「格子」

　暗号技術がプライバシー保護や経済活動へと広く浸透している現在、量子コンピュータの実用化によって従来の暗号がその機能を失ってしまうことは、社会生活にも大きな制約が生じることとなってしまう。インターネットでのショッピングではネット上での決済はできず、個人情報も通信経路での保護ができなくなってしまう。といった具合だ。

　そこで量子コンピュータに対して耐性を持った新しい暗号が求められている。

　2016年12月から１年間、米国国立標準技術研究所（NIST）が量子耐性アルゴリズムの次世代公開鍵暗号の公募をおこない、世界中から82件の応募があり、そのうち69件の提案が評価されることとなった。日本からも産学合同チームや各法人組織がこれに応募した。

　2018年４月には米国フロリダでNIST主催の量子耐性暗号である新暗号標準化会議が初めて開催された。その中でも注目されているキーワードが格子（Lattice）だ。この格子を利用する暗号に関しては1996年にMiklos AjtaiとCynthia Dworkにより提案[6]されたのが始まりだ。

　では格子暗号について解説しよう。

　方眼紙をご存知だろう。縦横に等間隔に線が引かれ直交している。一般的にはこの縦線と横線で描かれる模様が格子と呼ばれるが、数学的にはその交点の集まりを格子と呼び、それぞれの交点を格子点と呼ぶ。

　方眼紙では縦横の線が直交しているが、線が描く四辺形が並行四辺形となる直交ではない格子も存在する。この格子点の１つを原点として、他の格子点のいずれかに向かって２本の矢印線を引く。これが格子ベクトル（基底ベクトル）だ。

---

*1 NANDゲート：汎用ロジックIC、7400シリーズの00番として登場した。最小構成のトランジスタで製造でき、NANDゲートがあれば他のすべての論理回路を作成できる。

*2 並列化：入力xに対してその解f(x)を求めるすべての計算方法に対して超並列に計算をおこない解を求める。量子コンピュータが離散フーリエ変換を高速に実行できることを利用したアダマール変換により量子の重ね合わせを生成して計算がおこなわれる。

*3 量子アルゴリズム：量子コンピュータ上で実行されるアルゴリズム。従来のコンピュータのアルゴリズムとは異なる。

*4 多項式時間：定数およ変数の和と積で成立する多項式による計算時間。

*5 What is the Computational Value of Finite Range Tunneling?　https://arxiv.org/abs/1512.02206

*6 "A public-key cryptosystem with worst-case/average-case equivalence". Proceedings of the twenty-ninth annual ACM symposium on Theory of computing. El Paso, Texas, United States: ACM. pp. 284?293.

▼格子暗号

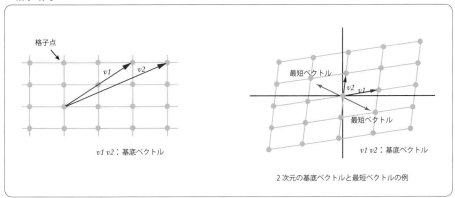

2次元の基底ベクトルと最短ベクトルの例

　ではこの格子ベクトルの原点に一番近い格子点はどこだろう。これが格子問題における「最短ベクトル問題」[*1]だ。

　「なんだ、見ればすくにわかるじゃないか」と思われるだろう。確かに2次元の平面上では見ればすぐにわかるだろう。では格子点を通る線が直交しない格子を3次元空間に拡張し、この空間内に原点を定め、すべての格子点が同一平面上にならない3本の格子ベクトルを引く。更に格子点を結ぶ線と格子点を消してしまったらどうだろう。いってみれば空中に存在する3本のベクトル線の原点に近い格子点を探すということになり、これは容易では無い。暗号で使用する場合にはさらにベクトルを数千本に増やした状態でおこなうが、これを多項式時間で求めるアルゴリズムは存在しない。

　類似したベクトル問題として「最近ベクトル問題」[*2]がある。
　目標ベクトルが与えられ、この目標ベクトルに最も近い格子点を求める問題だ。

　このように格子空間上に定義される数学的問題が様々提案され、次世代量子耐性公開鍵暗号の標準化に向かってその安全性などの検討が続けられている。

---

[*1] 最短ベクトル問題：SVC：Shortest Vector Problem
[*2] 最近ベクトル問題：CVP：Closest Vector Problem

# 第7章
# 暗号攻撃とタンパ・レジスタント・ソフトウエア技術

## 7-1 暗号攻撃法

**暗号攻撃とタンパ・レジスタント・ソフトウエア技術**

　暗号の発達は、暗号攻撃法の技術発達の歴史でもあった。
　日本の紫暗号の解読は、それ以前の九一式暗号の解読から得られた平文との組み合わせによる既知平文攻撃法により解読された。当時の暗号解読技術では以前の情報がなければ解読は困難であった。
　新しい暗号アルゴリズムの開発は同時に各種攻撃に対する耐性が不可欠となっており、攻撃に対する安全性の検証は益々困難なものになってきている。
　そこで、現在では多くの暗号アルゴリズムは公開され、他の暗号研究者や数学者達に研究して貰うことで問題点の洗い出しがおこなわれるようになった。米国国立標準技術研究所(NIST)によりおこなわれている公開鍵暗号の標準暗号の募集などがそんな例だ。募集された暗号を評価し、その中から選ばれる。
　また、暗号解読コンテストなどが開催され、これを元に暗号強度の指標として、現在そして10年、20年後の安全性の検討などがおこなわれている。

### ■ 知られている暗号攻撃法

**(1) 総当たり攻撃(exhaustive attack/ブルートフォース攻撃：brute force attack)**
　暗号鍵を片っ端から試してみるという方法から、力任せ攻撃などとも呼ばれる。現在では辞書攻撃(Dictionary attack)などと共にクラッカーによるパスワード攻撃などに利用されている。

　1976年11月に規格化された共通鍵暗号DESの56ビットの鍵長では$2^{56}(=7.2\times10^{16})$個の鍵を探せば良いことになる。DESが米国商務省国立標準局(NBS *1)から提案されたときの安全性に対する論争で、「100万分の1秒で1つの鍵を試すことができた

として二千年掛かる」と見積もる商務省に対し、暗号学者のホイットフィールド・ディフィー（Whitfield Diffie）、マーティン・エドワード・ヘルマン（Martin E. Hellman）[*2]らとの間で安全性の問題について議論が戦わされた。

当時、ディフィーらは実現性は別にしても総当たり攻撃で解読できるということを問題視し、これは技術の向上による危殆化を問題にしていたともいえる。今日ではDESの56ビットの鍵長なら1日も掛からずに解読できるのだ。

## (2) 暗号文単独攻撃法（CPA：ciphertext-only attack）

入手した暗号文のみしか利用できない状況下で、対応する平文あるいは鍵を求める攻撃方法。文字の使用頻度など統計的分布を元におこなわれた古典的手法。Wi-Fiのセキュリティ、WEPはこの攻撃に弱かった。

## (3) 既知平文攻撃法（KPA：known-plaintext attack）

既知平文攻撃（KPA）は、攻撃者が平文（ベビーベッドと呼ばれる）とその暗号文の両方にアクセスできる暗号解読のための攻撃モデルだ。これらを使用して、秘密鍵や暗号化した情報を明らかにすることができる。ベビーベッド（crib）という用語はBletchley Park（第二次世界大戦中の英国の解読作業場所）に由来している。

## (4) 選択平文攻撃法（CPA：chosen-plaintext attack）

攻撃者が平文データとそれに対応する暗号データを自由に入手できる状況下での攻撃モデル。

現代の暗号は選択平文攻撃の下で暗号文の区別不能性とも呼ばれるセマンティックセキュリティ（semantic security）を提供することを目的としており、正しく実装されていれば選択平文攻撃には一般的に耐性がある。

DESではこの手法により、総当たり攻撃の1/4に計算量を減らすことができる。

## (5) 選択暗号攻撃法（CCA：chosen-ciphertext attack）

暗号解読のための攻撃モデルであり、暗号攻撃者は選択された暗号文の解読をすることによって情報を収集する。これらの情報から、攻撃者は復号に使用される秘密鍵を復元しようと試みることがでる。

ここで攻撃者が以前の復号化の結果を使用でき、復号化するために自由に選択できる暗号文を適応的選択暗号文と呼ぶ。

SSLの初期バージョンのRSA実装では、この手法により解読されている。

## (5-1) ランチタイム攻撃(CCA1:Lunchtime attacks)

　解読機能を備えたユーザーのコンピュータが、ユーザーが昼食を取っている間に攻撃者が利用できるという状況を指す。明らかに、攻撃者がこのコンピュータを使用し、用意した暗号文を解読できる状況にある間、ユーザーにより暗号化されたメッセージは安全ではない。

## (5-2) 適応的選択暗号文攻撃(CCA2:Adaptive chosen-ciphertext attack)

　攻撃者に挑戦暗号文を与える前と後で適応的に暗号文を選択することが可能な攻撃で、解読暗号文自体が照会できないという規定のみの攻撃である。

　この攻撃の目的は、暗号化されたメッセージ、または復号化鍵そのものに関する情報を徐々に明らかにすることだ。

## (6) 差分解読法(differential cryptanalysis)(1991年)

　イスラエルの暗号研究者でRSA暗号発明者の一人、アディ・シャミア(Adi Shamir)とエリ・ビハム(Eli Biham)らによる選択平文攻撃法の一種で1980年代末には作成され、NSAとIBMでは知られていたが、91年にFEAL-NX(鍵長128ビット)の攻撃法として発表された。

　平文1ブロックの1ビットだけが変化した時に、暗号がどのように変化するかを手がかりに秘密鍵を推定する方法。

## (7) 線形解読法(Linear cryptanalysis)(1993年)

　三菱電気の松井充の開発した解読法で、特定の条件でDESの解読に成功して国際的な話題となった。

　暗号化システムが線形性であれば、連立方程式で求めることができるという原理によるもの。これは暗号の一部に線形性があった場合にも解読の鍵となる。

　多くの平文とその暗号文(約600兆ビット)を用意し、鍵を未知の変数とした連立方程式により求めることから既知平文攻撃法に分類できる。

---

*1 米国商務省国立標準局(NBS):米国国立標準技術研究所(NIST)の前身
*2 ホイットフィールド・ディフィー(Whitfield Diffie)、マーティン・エドワード・ヘルマン(Martin E. Hellman):公開鍵暗号、Diffie-Hellman鍵共有の発明者

---

参考資料
・『E-Mailセキュリティー』Bruce Scheneier "E-mail SECURITY"、力武健次監訳　道下宣博訳、オーム社

# 7-2 暗号ソフトを守る

**暗号攻撃とタンパ・レジスタント・ソフトウエア技術**

　暗号ソフトウェアをソフトウェアのまま組込むのはコスト効率に優れる。しかし、安易な組み込みは時として逆効果になってしまう場合がある。これを攻撃者から安全に保護するためには慎重な組み込み技術が必要となる。

　以下はアプリケーションを不正利用から保護するデバイスキーの機能を組み込むための対策の一例だ。

### 1. ターゲット・プログラム内の秘密要素を隠す

　プログラムの重要な要素の部分を細かく分割してプログラム内に分散して、その存在を発見しにくくする。

　プログラム内ばかりではなく、システムメモリ上に配置した時にも同様の配慮が必要となる。連続したメモリ領域を使用したのでは片手おちとなってしまう。

　この秘匿動作には自己改造機能（self-Modifying）というプログラム自身を書き換えながら動作する仕組みがある。特に暗号化したプログラムを解読しながら動作することを自己暗号解読機能（self-Decrypting）と呼ぶことがある。

### 2. 処理の順序をわかりにくくする

　プログラムだけでは実行順序が決定しないように工夫することも必要となる。
　自己改造機能でもこのような効果が期待できるだろう。

### 3. 自己診断機能を持つ

　自己診断機能によってデータの差し替えや改変を困難にすると同時に、プログラム動作の安全を保障する。

## ■ タンパ・レジスタント・ソフトウエア技術

　暗号のソフトウェア化は新たな問題に注意を払わなければならなくなった。攻撃者からのアプリケーションの直接解析に対する耐性だ。いくら暗号が強固でも簡単にプログラムが解析されてしまったり、鍵を取り出されてしまってはまったく意味がなくなってしまう。特に電子商取引に関してはこの安全性が要求される。

このソフトウェアに対して内部解析や改変に対する耐性を備える技術がタンパ・レジスタント・ソフトウエア技術で、主にICカードなどに関する保護技術だ。

タンパ・レジスタント（tamper resistant）の「tamper」とは「いじりまわす」とか「勝手に開封する」という意味があり、同様の技術はソフトウェアばかりではなく、食品のパッケージや半導体などにもこの技術が導入されている。

食品パッケージではヨーグルトやプリンなどの蓋のシールの部分がへこんでいるものが、一度開封するとへこみがなくなるといったものだ。

半導体などでもパッケージの開封による解析に対応するため、開封時に中が破壊されるものやプログラムを消去するなどの技術がある。

ソフトウエアでのタンパ・レジスタントはいってみれば暗号ソフトそのものも暗号化してしまうといった技術だ。ではソフトウェアで考慮しなければならない攻撃がどのようなものか見てみよう。

## 1. システム・アナライズ攻撃（サイドチャネル攻撃：side-channel attack）

自分の自由に使用できるコンピュータ上でソフトウェアや機器の解析をおこなう。

解析方法にはデバッガなと通常の開発ツールなどでの解析。ICEやプロセッサ・シミュレータ、バスロジック・アナライザなどの解析用ハードウェアの利用などが考えられる。

このような攻撃は暗号ソフトを販売するうえで一番気を付けなければならないことだが、ネットワークなどと異なりクラッカー行為を発見することができないだけに厄介だ。

実際にネットワークなどで暗号が攻撃にさらされるようになって初めてクラッカーの存在に気が付くことになる。

## 2. プローブ解析（Probing Attacks）

ICカード等の耐タンパデバイスのパッケージから半導体チップ（ダイ）を露出し、マイクロプローバーを用い測定器のプローブを当てながら動作を観測する。これには半導体製造技術、半導体回路技術、ソフトウェア技術、暗号アルゴリズムなどの知識や技術が必要となる。組織的な対応とコストを必要とするが、回路図など内部情報が流出した場合には解析の難易度は大きく下がることになる。

## 3. 故障解析（Fault Analysis／故障差分解析：Differential Fault Analysis）

耐タンパデバイスに対し放射線の照射や高電圧などでクロック周波数の変動や駆動電圧を変動を与えることにより限定的な障害を与え、それによって得られた結果

と正しい結果を比較することで秘密鍵を入手するといった手法。

　また、故障差分解析は同一平文を暗号化する過程で上記の障害を発生し、正常な場合と障害発生時の差分から故障の発生位置と誤り内容を解析する手法。

## 4. タイミング解析（Timing Attacks）

　暗号処理のタイミングが鍵情報に依存することから、処理のタイミングを統計的に解析し秘密鍵を推定する手法。

## 5. 電力解析（Power Analysis／差動電力解析：Differential Power Analysis）

　耐タンパデバイスの消費電力を直接解析する（単純電力解析）と、消費電力を統計的に処理をおこなう（差動電力解析）ことで秘密鍵などを推定する手法。

　ICキャッシュカードやプリペイドカードなどは、設計、プログラミング、製造、これらの製造情報から、流通、運用まで広く計画的に管理がおこなわれなければ、ICカードを守ることができない。

　ページの都合上、ここで詳細を書くことはできないが、これらセキュリティに関しては参考資料を参照して欲しい。

参考資料

・平成年度　スマートカードの安全性に関する調査　調査報告書　平成12年2.月29日、情報処理振興事業協会

# 第8章
# 国家と暗号

## 8-1 米国の暗号政策

**国家と暗号**

　戦中、戦後と米国政府は暗号政策を重要視してきた。米国は暗号技術を第一級の軍事技術として、国家安全保障局NSAを中心に開発に力を注いできた。その実態は国家秘密として予算や規模、活動内容などまったく公開されていなかった。
　東西冷戦の終結により過去の歴史など、公文書の情報公開がおこなわれ、インターネットなどでも公開されるようになってきた。今や生活に密着した暗号技術の開発はよりオープン化することで、暗号の信頼性を高める方向に進んでいる。

　しかし、米国政府はテロや犯罪などの反政府活動に暗号が使われることを恐れ、暗号の輸出を制限してきた。米国では公開情報法により、犯罪調査などで盗聴を合法的におこなうことが許されている。憲法21条で「通信の秘密は、これを犯してはならない」と明記(通信傍受法という例外はあるが)している日本とは対照的だ。
　ところが、通信技術の発達と新たな公開暗号の登場は、米国当局の情報収集活動を著しく困難なものにしつつある。
　政府にとって盗聴不可能な暗号が普及することは、犯罪捜査に支障をきたす脅威となってきたのだ。そんな中、米国政府は暗号規制の政策を模索し始めた。

# 8-2 失敗した暗号管理 鍵供託システム

**国家と暗号**

サイバー時代の暗号技術

1993年4月、クリントン政権はクリッパー（clipper）と名付けられた新しい暗号政策を発表した。これはNSAで開発されたICチップ、クリッパーを各種通信システムに組み込むというものだ。このクリッパーチップにはスキップジャック（skipjack）と呼ばれる暗号が組み込まれており、保管されたマスターキーによって当局が必要としたときに解読できるシステムになっていた。

結局、民間技術者の調査でこのクリッパーチップには致命的な欠陥があることが暴露され、この計画は3年足らずで潰えてしまった。

しかし、政府による基本的な暗号政策は変わらず、クリッパーチップに変わる鍵供託システム、キーエスクロー（KES：Key Escrowed Systm）を推奨する政策を発表した。

暗号の合法的な盗聴を可能にするため、捜査当局が裁判所の許可の下で暗号化された通信内容を解読できるような仕組みを暗号に組み込む。

KESは鍵を2つ以上に分け、その1つを信頼のおける第三者に信託し、裁判所の許可が出れば捜査当局は必要な鍵を受け取り、暗号の解読をおこなうというシステムだ。早い話がクリッパーチップを今度は民間に作ってもらおうという計画に置き換えられたのだ。

このシステムは反社会的活動に対する監視を目的としているが、電子商取引のネットワーク上のトラブルや商売に対する税金の徴収などにも及びそうだ。

KESは政府の標準であって民間への強制ではない自発的な鍵供託システムの構築を強調していたが、初期の仕様である非公開アルゴリズムの採用など評判は悪く、後に任意のアルゴリズムの使用を認めている。

しかし、一般へのクリッパー、KES構想に対してはプライバシーの侵害など批判の声が大きい。従来の暗号政策が軍主導なものであっただけにナショナリズム感を避けられない。

また、なにより犯罪者が盗聴可能な暗号を自ら使用することなど考えられないことだ。

米国政府のもう1つの暗号政策は輸出規制であった。武器と同類の扱いになっていたことから、政府がいかに暗号を重視していたかをうかがわせる。

　この政策はネットワークの普及とともに膨らんできた暗号ビジネスに対しても足かせとなってしまった。そのためネットワーク、インターネットビジネスを展開する米国西海岸のコンピュータ関連企業からは一斉に反対の声があがることになった。

　1992年末、各企業の暗号開発技術者達はサイファーパンク（Cypherpunks）というグループを作り暗号の自由化を訴えている。

　輸出規制による暗号鍵長の制限は、インターネットを利用したショッピングを推進するネットスケープ（Netscape Communications）にとっても死活問題といえた。

　マイクロソフトとの厳しい競争に立たされていたネットスケープはRSA暗号を応用し、今ではウェブブラウザに欠かすことのできないSSL（Secure Socket Layar）という技術を同社の「Netscape Navigator」に組み込んだ。当時、ネットスケープは国内用と暗号鍵長を短くした海外用のふたつの製品を開発することになってしまった。

　このセキュリティプロトコルSSLはTLSに引き継がれ、ウェブブラウザには欠かせない技術となっている。


　1996年には暗号の管轄が商務省へと移管され、許可制での輸出が可能になった。しかし、輸出許可を得るためにはキーリカバリーというシステムを組み込む必要があった。結局これも鍵供託システムと変わりのないものであった。

　輸出の許可は、2年以内にキーリカバリー対応製品の開発を誓約することで得られた。

　ちなみに、このキーリカバリー方式についてはOECD（経済協力開発機構）でも国家などの第三者が強制的に解読することを認めている。

　1997年にはマイクロソフトとネットスケープが銀行取引の用途に限り128ビット暗号の輸出が許可された。またPGP社も128ビット暗号の輸出を許可されている。


　インターネットでの暗号の普及は輸出規制が有名無実な状況となっていたが、1998年、米国商務省は従来の方針を一転して暗号技術の輸出に関して免許制での全面的な自由化を認めた。暗号を商売の武器として売り込む時代へと突入した。

　国の暗号政策に於いても一般公募による標準化という方向になった。

## 8-3 日本の暗号とセキュリティ政策

**国家と暗号**

　戦前、戦中に築き上げられた日本の暗号技術は敗戦と同時に潰えてしまった。連合軍の上陸とともに国内にあった暗号機械や資料などは事前に破壊、処分されてしまった。このため九七式欧文印刷機、パープルは国内に残っていない。

　そして、戦後の日本の政治からは暗号は忘れ去られていた。政府による暗号政策は戦後半世紀に渡りおこなわれることはなかった。

　世界の暗号に対する動きはインターネットの拡大とともに学問から商用へと広がりはじめた。これに対し日本国内のインターネット普及の遅れから、政府の暗号に対する施策も出遅れることとなってしまったようだ。これは当時インターネットの発達に対するビジョンが描けなかったからではなかろうか。唯一、公企業である日本電信電話公社が1980年代から暗号技術の開発に取り組んでいた。

　政府がようやく情報通信や情報セキュリティを意識し手探りを始めたのは1994年、内閣への「高度情報通信社会推進本部」設置からで、2000年に情報通信（IT）戦略本部に改組。ようやく電子商取引、電子政府推進のための法整備で50本の一括改正がおこなわれた。

　情報通信（IT）戦略本部の成果を元に、2001年1月には高度情報通信ネットワーク社会形成基本法（IT基本法）が施行され、韓国やシンガポールに比較して遅れていたITを促進し、高度情報通信ネットワークの推進、人材育成、電子商取引（BtoB及びBtoC）の推進、ネットワーク・セキュリティの確保と個人情報の保護、電子政府の推進などを5年間で目標に達することを掲げ、110億円の投資がおこなわれた。

　また、同年には政府調達のためのITセキュリティ評価及び認証制度JISEC[*1]が創設されている。

　政府の調達に関してはISO/IEC-15408（CC）に基づく評価・認証がされている製品の利用が推進され、「政府機関等の情報セキュリティ対策のための統一基準[*2]」が設けられた。

　2005年には内閣官房に情報セキュリティ対策推進室（NISC）[*3]が設置された。国家戦略としての政府調達暗号の調査、検討プロジェクトとし、総務省と経済産業省が共同で所管するCRYPTREC（Cryptography Research and Evaluation Committees）

が開始され、CRYPTREC暗号リストとして公開されている。最初のリストは2003年に発表され、その後も更新がおこなわれている。

　ようやく国としての国家情報保護戦略が形を整えたようだが、肝心の人材教育、官僚や公務員、そして議員らのITリテラシーの向上はまだまだ不十分だと感じる。

　暗号に関する個人や企業に対する政府の規制は特に無いが、輸出に関しては制限がある。

　暗号関連製品の輸出に関してはココム（対共産圏輸出統制委員会）に変わり1996年7月に発足した武器輸出製品関連の国際的な輸出管理体制であるワッセナー・アレンジメント（WA：Wassenaar Arrangement）の方針に準拠した審査をおこなっている。「鍵長が56ビットを超える共通鍵暗号、または鍵長が512ビット（楕円暗号等の場合は112ビット）を超える公開鍵暗号はアルゴリズムを問わず、すべてが輸出管理対象」となっているが、「著作権保護の複製防止用に機能が限定されている暗号装置や個人情報保護用に機能が限定されているICカードなど」は除外規定の対象だ。ただし、北朝鮮に関しては例外無くすべてが禁止されている。（最新情報は経済産業省のHPなどで確認して下さい。）

　通産省は暗号産業を欧米レベルへ引き上げるため電子商取引（BtoC）、企業間取引き（BtoB）、暗号アルゴリズムの研究などに300億円以上の投資をおこなった。

---

*1 JISEC：Japan Information Technology Security Evaluation and Certification Scheme
*2 政府機関等の情報セキュリティ対策のための統一基準：内閣サイバーセキュリティセンター（NISC）により策定されている。初版は2005年12月、最新は2018年版（7月）
*3 情報セキュリティ対策推進室：2005年に「情報セキュリティ対策推進室情報セキュリティ対策推進室」、2015年に「内閣サイバーセキュリティセンター（NISC）」に改組された。

# おわりに

　黎明期の暗号から近年の高度な暗号技術、一般には語られる機会の少なかった電子機器と暗号技術のかかわりなどを紹介してきた。現代社会において暗号技術がいかに必要不可欠で重要な技術となっていることをおわかりいただけたであろう。

　筆者にとっては20年振りの暗号本の執筆となったが、この20年は暗号技術史にとっても多くの成果や出来事があった。そしてこれからも新しい技術の開発は続けられる。

　改めて振り返ると米国の国立公文書記録管理局（NARA）による機密指定文書の解禁もあり、第二次世界大戦当時、戦後の状況などを検証できるようになり、私にとっては気になっていた事柄の確認をおこなうことができた。

　一方の近代の暗号に関しては論文など情報が増え、文献のリサーチにはインターネットが大きな力となった。国立図書館通いをした20年前とは大きな違いだ。

　限られたページと時間のため、まだ取りこぼしていることもあるが、興味を抱いたことがあれば是非、自身の手でも調べて頂きたいと思う。

　本書が読者の暗号への関心とセキュリティ意識を高めるきっかけになれば幸いである。

2018年11月　吹田　智章

本書に記載されている会社名、商品名や製品名は、それぞれ各社の商標または登録商標です。

Digital
Cypher
Revolution

# 資料編

- 参考図書
- コンテンツ保護関連用語一覧
- 世界の暗号関係機関
- 年表

# 参考図書

## 古典、近代暗号

| 書名 | 著者、訳者 | 出版元 | 発行年 |
|---|---|---|---|
| 『暗号と推理』* | 辛島驍 | 講談社 | 1962年 |
| 『諜報の技術』 | アレン・ダレス（著）、鹿島守之助（訳） | 鹿島研究所出版会 | 1965年 |
| 『暗号戦争』 | デーヴィッド・カーン（著）、秦邦彦・関野英夫（訳） | ハヤカワ文庫 | 1968年 |
| 『暗号－原理とその世界』 | 長田順行 | ダイヤモンド社 | 1971年 |
| 『孫子の兵法』 | 守屋洋 | 三笠書房 | 1984年 |
| | | 産業能率大学出版部 | 1979年 |
| ○『暗号の天才』* | ロナルド・W・クラーク（著）、新庄哲夫（訳） | 新潮選書 | 1981年 |
| 『情報戦に完敗した日本』* | 岩島久夫 | 原書房 | 1984年 |
| 『暗号』* | 長田順行 | 社会思想社　現代教養文庫（ダイヤモンド社出版の『暗号－原理とその世界』の文庫化） | |
| ○『暗号と推理小説』* | 長田順行 | 社会思想社　現代教養文庫 | 1986年 |
| 『日本の暗号を解読せよ－日米暗号戦史』 | ロナルド・ルウィン（著）、白須英子（訳） | 草思社 | 1988年 |
| 『暗号』 | 辻井重男 | 講談社選書メチエ | 1996年 |
| 『暗号攻防史』 | ルドルフ・キッペンハーン（著）、赤根洋子（訳） | 文春文庫 | 2001年 |
| 『ブラック・チェンバー：米国はいかにして外交暗号を盗んだか』 | H.O.ヤードレー（著）、近現代史編纂会（編）、平塚柾緒（訳） | 荒地出版社 | |
| 『The American Black Chamber』 | Herbert O. Yardley（著） | (Bluejacket Books) Naval Institute Press | 2013年 |
| 『Venona: Decoding Soviet Espionage in America』 | John Earl Haynes（著） | Yale Nota Bene | 2000年 |
| 『Operation Snow: How a Soviet Mole in FDR's White House Triggered Pearl Harbor』 | John Koster（著） | Regnery Publishing | 2012年 |
| 『暗号大全　原理とその世界』 | 長田順行 | 講談社学術文庫 | 2017年 |

## サイバー暗号

| 書名 | 著者、訳者 | 出版元 | 発行年 |
|---|---|---|---|
| 『暗号の数理－作り方と解読の原理』* | 一松信 | 講談社ブルーバックス | 1980年 |
| ○『現代暗号理論』* | 池野信一、小山謙二 | 社団法人　電子情報通信学会 | 1986年 |
| 『情報セキュリティー－コンピュータ犯罪をどう防ぐ』 | 小山謙二 | 電気書院 | 1989年 |
| 『暗号のおはなし』* | 今井秀樹 | 日本規格協会 | 1993年 |
| 『暗号理論入門』 | 岡本栄司 | 共立出版 | 1993年 |
| 『情報セキュリティーの科学－マジックプロトコルへの招待』* | 太田和夫、黒沢馨、渡辺修 | 講談社ブルーバックス | 1995年 |
| ○『暗号－ポストモダンの情報セキュリティー』* | 辻井重男 | 講談社選書メチエ | 1996年 |
| 『現代暗号』 | 岡本龍明、山本博資 | 産業図書 | 1997年 |
| 『暗号・日米ビジネス戦略』* | （ムック） | NHK出版 | 1997年 |
| 『現代暗号入門　いかにして秘密は守られるのか』 | 神永正博 | 講談社ブルーバックス | 2017年 |
| 『サイバー攻撃　ネット世界の裏側で起きていること』 | 中島明日香 | 講談社ブルーバックス | 2018年 |

## その他分類

| 書名 | 著者、訳者 | 出版元 | 発行年 |
|---|---|---|---|
| 『カードの科学』* | 瀬川至朗 | 講談社ブルーバックス | 1993年 |
| 『ディジタル信号処理』* | 羽鳥光俊、持田侑宏 | 丸善 | 1994年 |
| 『E-Mailセキュリティー』 | Bruce Scheneier（著）、力武健次監（訳）、道下宣博（訳） | オーム社 | 1995年 |
| ○『新・電子立国　[第6巻]コンピュータ地球網』* | 相田　洋 | NHK出版 | 1997年 |
| ○『コンピュータと素因数分解』* | 和田秀男 | 遊星社 | 1987年 |
| 『ディジタル信号処理の基礎』* | 辻井重雄 | 社団法人　電子情報通信学会 | 1988年 |
| 『素数が奏でる物語　2つの等差数列で語る数論の世界』 | 西来路文朗、清水健一 | 講談社ブルーバックス | 2015年 |

## 学会誌、論文誌、技術雑誌

| 書名 | 著者、訳者 | 出版元 | 発行年 |
|---|---|---|---|
| 『放送のためのスクランブル技術の現状と動向』*（官報） | 難波誠一 | 国際衛星通信協会 | 1995年 |
| 『情報セキュリティ総合科学』 | | 情報セキュリティ大学院大学 | |
| 『金融研究』 | | 日本銀行 | |
| 『映像情報メディア学会誌』 | | （一般社団法人）映像情報メディア学会 | |
| 『NTT技術ジャーナル』 | | 日本電信電話株式会社 | |
| 『東芝レビュー』* | | 東芝 | |
| 『日経エレクトロニクス』* | | 日経BP | |
| 『トランジスタ技術』*（月刊） | | CQ出版 | |

## その他雑誌

| 書名 | 著者、訳者 | 出版元 | 発行年 |
|---|---|---|---|
| 『暗号は読まれている！』 | 原　勝洋 | 『諸君！』　文藝春秋 | 1998年1月号 |
| 『数学セミナー　特集/暗号』* | | 日本評論社 | 1998年3月号 |
| 『電波　アクションバンド』（月刊） | | 芸文社 | |
| 『ラジオライフ』（月刊） | | 三才ブックス | |

## 小説

| 書名 | 著者、訳者 | 出版元 | 発行年 |
|---|---|---|---|
| 『潜艦U-511号の運命－秘録・日独伊協同作戦』 | 野村直邦 | 読売新聞社 | 1956年 |
| 『深海の使者』 | 吉村　昭 | 文春文庫　文藝春秋 | |

○印は筆者お気に入りの書籍
＊印は本書執筆に特に参考とした書籍や雑誌

# コンテンツ保護関連用語一覧

デジタルコンテンツ保護やホームネットワークでの保護技術関連の用語一覧です。

| 略語 | 正式名称 | 内容 |
|---|---|---|
| 4C | 4C | 東芝、松下電器産業(株)、Intel社、IBM社の4社からなる。DVDやSDメモリカードなど記録メディア用のコンテンツ保護規格CPPM/CPRMを策定した。4C Entity社を設立して技術ライセンスをおこなっている。<br>http://www.4centity.com/ |
| 5C | 5C | 東芝、松下電器産業(株)、Intel社、ソニー(株)、(株)日立製作所の5社からなる。IEEE1394などのデジタル伝送路用のコンテンツ保護規格を策定した。DTLA(Digital Transmission Licensing Administrator)社を設立して技術ライセンスをおこなっている。<br>http://www.dtcp.com/ |
| AACS | Advanced Access Content System | 事前記録および記録された光メディアに保存されたコンテンツを管理するための仕様。<br>https://www.aacsla.com/jp/home |
| ACAS | Advanced CAS 新CAS協議会 | 4K・8Kデジタル放送に即したコンテンツ保護を目的とした運用、管理団体。NHK、WOWOW、スカパーJSAT、スター・チャンネルの4社により設立され、日本ケーブルテレビ連盟が加わった。<br>http://www.acas.or.jp |
| APS | Analog Protection System | アナログ映像信号に対するコンテンツ保護システム。DVDではMacrovision社の技術を採用している。 |
| ATSC | Advanced Television Systems Committee | 先進テレビシステム委員会。デジタルテレビ、マルチメディア通信の自主基準を開発する国際的な非営利団体。SRMTを策定。<br>https://www.atsc.org/ |
| C2 | Cryptomeria Cipher | SDカードを共同開発したSanDisk社、東芝、松下電器産業(株)の3社による普及推進団体。<br>http://www.sdcard.org/ |
| CAS | Conditional Access System | デジタル放送の視聴制限に用いられる暗合化方式。 |
| CCCD | Copy Control CD | コピーコントロールCD |
| CCI | Copy Control Information | コピー制御情報。コンテンツに付加されるコピー不可、1世代コピー可などの制御情報。 |
| CGMS | Copy Generation Management System | 映像用のコピー世代管理システム。アナログ用のCGMS-A、デジタル用のCGMS-Dがある。 |
| Cinavia | Cinavia Watermark | ブルーレイディスク(BD)で採用されているコンテンツ保護技術。音声トラックに著作権コードを埋め込むことで無許可のコピー再生時に画面にメッセージが表示される。<br>http://www.cinavia.com/ |
| CMI | Content Management Information | コンテンツ管理情報(DTCP+) |
| CPACK | Interim Copy Protection Advisory Council | CSSのアドバイザリ機関 |
| CPPM | Content Protection for Prerecorded Media | 4Cが策定した記録済みメディアに対するコンテンツ保護規格。DVD-Audioのコンテンツ保護技術として採用されている。<br>http://www.4centity.com/ |
| CPRM | Content Protection for Recordable Media | DVDの孫コピーを禁止するためのコンテンツ保護技術。 |
| CPS | Content Protection System | コンテンツ保護システム |

| 略語 | 正式名称 | 内容 |
|---|---|---|
| CSS | Content Scramble System | 東芝と松下電器産業(株)が策定したDVD-Video用のコンテンツ保護規格。Content Scramble System CSS http://www.dvdcca.org/ |
| | Digital Only Token | デジタル出力制御(DTCP+) |
| CPTWG | Copy Protection Technical Working Group | コピープロテクションテクニカルワーキンググループ(CPTWG)は、業界の技術者とコンテンツ保護の専門家で構成されるグループ。CPTWGの会合は四半期毎におこなわれ、一般に公開されている。http://www.cptwg.org/ |
| DRM | Digital Rights Management | 著作権保護技術。デジタル・コンテンツの著作権を保護するしくみや技術の総称。 |
| DLNA | Digital Living Network Alliance | ネットワークでのメーカー間の相互運用性を保証するための非営利団体(旧名称:DHWG)。https://www.dlna.org/ |
| DTCP | Digital Transmission Content Protection | ホームネットワーク／パーソナルネットワーク内でのコンテンツ保護システム。 |
| DTCP-IP | DTCP over IP | コンテンツのフォーマットに依存せず、暗号化によりホームネットワークに送る。PCP(Protected Content Packet)とも。 |
| DTDG | Digital Transmission Discussion. Group | CPTWGのサブグループ |
| DTLA | Digital Transmission Licensing Administrator | DTCP、DTCP-IPの管理団体。DTCP、DTCP-IPの証明書(署名)を発行している。http://www.dtcp.com/ |
| DVD | Digital Versatile Disc | 第2世代光ディスクの一種 |
| DVD CCA | DVD Copy Control Association | コンテンツスクランブルシステム(CSS)のライセンスを発行し、仕様を維持する非営利団体。http://www.dvdcca.org/ |
| DVD Forum | DVD Forum | DVD規格の普及促進や新たな規格の策定を目的とする組織。 |
| DVI | Digital Visual Interface | 映像出力のデジタルインターフェース仕様。近年はコンパクトなHDMIやディスプレイポートに移行しつつある。 |
| EMI | Encryption Mode Indicator | DTCのデータのヘッダ部分に2bitで定義されたコピーコントロール。 |
| E-EMI | Extended Encryption Mode Indicator | DTCP-IPのデータのヘッダ部分に4bitで定義されたコピーコントロール。 |
| HDCP | High-bandwidth Digital Content Protection | 高帯域幅デジタルコンテンツ保護。Intel社が開発したデジタルインターフェース。ディスプレイなどの表示装置へ映像を暗号化して送る著作権保護技術。 |
| HDMI | High Definition Multimedia Interface | 映像や音声をまとめたDVIを拡張したインターフェース規格。 |
| Macrovision | Macrovision | 旧Macrovision社によるアナログ映像信号のコンテンツ保護機能。https://business.tivo.com/ |
| MKB | Media Key Block | メディアキーブロック(MKB)は著作権保護技術う(DRM)AACSに含まれるキーの一つ。このシステムはBlu-ray、HD DVDフォーマットのコピーを保護するために使用される。 |
| SCMS | Serial Copy Management System | シリアルコピーマネジメントシステム。DAT以降デジタル録音機器に採用されている著作権保護技術。 |
| SDA | SD Card Association | SDカードを共同開発したSanDisk社、東芝、松下電器産業(株)の3社による普及推進団体。http://www.sdcard.org/ |
| SDカード | a Secure Digital memory card | 東芝、松下電器産業(株)、SanDisk 社の3社が共同開発したフラッシュメモリカード。SDカード並びにその次世代カード。SDの名称を利用するためにはSDAのライセンスが必要なため、中国企業では機器のメモリスロットにSanDiskが開発時に使用していたTF(TransFlash)カードの名称を使用する傾向にある。 |
| SDMI | Secure Digital Music Initiative | デジタル音楽の保存、配信のための保護技術と権利管理システムの仕様を開発する目的で作られた組織。 |

| 略語 | 正式名称 | 内容 |
|------|---------|------|
| SRM | System Renewability Message | 無効になった鍵のリスト。 |
| SRMT | System Renewability Message Transport | DTCPにおいてシステム更新メッセージ(SRM)の転送方法を定義。 |
| TRS | Tamper Resistant Software | 解読、改ざんの防止策を施したソフトウェア。 |
| WaRP | Watermark Review Panel | CSSの答申機関。電子透かしの評価。 |
| WIPO | World Intellectual Property Organization | 世界著作権機構<br>http://www.wipo.int/portal/en/ |
| WM | (Digital) Watermark | 電子透かし |

参考出典：東芝レビューVol.58 No.6(2003) デジタルコンテンツ保護の現状と課題 山田尚志、河原潤

# 世界の暗号関係機関

| 機関名 | 国 | 概要 | 関連標準 | URL |
|--------|-----|------|----------|-----|
| CRYPTREC(暗号技術評価プロジェクト) | 日本 | 総務省及び経済産業省が共同で運営する電子政府推奨暗号の安全性を評価・監視し、暗号技術の適切な実装法・運用法を調査・検討するプロジェクト。 | 電子政府推奨暗号 | https://www.cryptrec.go.jp/ |
| ECRYPT (European Network of Excellence in Cryptology) | 欧州 | 情報セキュリティ、特に暗号や電子透かしに関する欧州の研究者間の連携を強化する目的で2004年に設立されたプロジェクト。 | ― | http://www.ecrypt.eu.org/ |
| IETF(インターネット技術タスクフォース | | インターネットで利用される技術の標準を策定する組織だが、その中に暗号技術も含まれる。 | | https://www.ietf.org/ |
| IPA(情報処理推進機構) | 日本 | ソフトウェアおよび情報処理システムの発展を支える戦略的なインフラ機能を提供する団体(独立行政法人) | | http://www.ipa.go.jp/ |
| ISO/IEC(国際標準化機構/国際電気標準会議) | | 各国の代表的標準化機関からなる国際標準化機関で、全産業分野に関する国際規格を作成。 | ISO/IEC 国際標準暗号 | http://www.iso.org/iso/en/ISOOnline.frontpage |
| KISA(韓国情報保護振興院) | 韓国 | 韓国のIT政策を統括する、情報通信省に置かれた情報セキュリティ専門の機関 | 韓国政府標準暗号 | http://www.kisa.or.kr/ |
| NESSIE(欧州連合プロジェクト) | 欧州 | ECのISTの一環として、多様なプラットフォーム向けの強い暗号方式によるポートフォリオの策定を目的とする暗号技術評価プロジェクト。 | 欧州連合推奨暗号 | https://cordis.europa.eu/project/rcn/54113_en.html |
| NIST(米国立標準技術研究所) | 米国 | 米国連邦政府機関の調達等に関連する国家的規格を制定する機関で、連邦政府の標準暗号も制定する。 | 米国政府標準暗号(FIPS) | https://www.nist.gov/ |
| PKCS(Public-Key Cryptography Standards) | | RSAセキュリティにより考案され公開された、公開鍵暗号標準のグループ。2006年にEMCコーポレーションにより買収される。 | | |

参考出典：NTT技術ジャーナル 2005.12. 暗号技術の特性とその安全な利用方法、中川一之、神田雅透、P10より

# 年表

資料編

| 前9～前8世紀頃 | スキュタレー暗号(ギリシア) |
| --- | --- |
| 前60～前50年頃 | カエサル(シーザー)暗号(ローマ) |
| 700年代 | 吉備真備の蜘蛛の経路 |
| 1540年 | 秘密情報部設立　英国 |
| 1550年代 | 上杉暗号 |
| 1555年 | ノストラダムスの予言書Centuries |
| 1761年 | 久留島－オイラー関数 |
| 1800年代 | ホイートストン暗号機 |
| 1860年代 | シリンダー暗号機 |
| 1914年7月28日 | 第一次世界大戦勃発 |
| 8月 | 海軍情報部暗号課　OBI40号室　英国 |
| 1915年 | ヒーバン暗号機　米国 |
| 1917年1月 | ツィンメルマン電報事件 |
| 6月 | 軍事情報部8(MI-8)　設立(-1919)　米国 |
| 1918年11月11日 | 第一次世界大戦終結 |
| 1919年 | ブラック・チェンバー　設立(-1929)米国 |
| 1920年 | エニグマ暗号機　ドイツ |
|  | シリンダー暗号機M-94　米国 |
|  | ハリク暗号機　米国 |
| 1921年 | ヒトラー　ナチス党の指導権を掌握 |
|  | ワシントン軍縮会議 |
| 1923年 | ハーゲリン　B-21型機 |
|  | アラステア・デニストンの暗号機関の設立　英国 |
| 1929年 | 合衆国通信隊情報部(SIS)設立　米国 |
| 1931年 | ハーバート・ヤードリー「アメリカのブラック・チェンバー」執筆 |
|  | 九一式暗号機　日本 |
| 1933年 | ヒトラー　ドイツ首相に就任 |
|  | エニグマ暗号機の販売を中止 |
| 1936年 | デジタル計算機のモデル提唱　A.M.チューリング　英国 |
| 1937年 | 九七式暗号機 |
|  | 紫暗合使用開始　日本 |
| 1939年9月1日 | 第二次世界大戦勃発 |
| 1940年 | 紫暗号がフリードマン・チームに解読される |
|  | ハーゲリン　M-209型機 |
| 1941年12月8日 | 日本参戦　真珠湾攻撃 |
| 1944年 | 暗号解析用コンピュータ　コロッサス(COLOSSUS) |
|  | A.M.チューリング　英国 |

| | |
|---|---|
| 1944年6月 | ノルマンディー上陸作戦 |
| 1945年8月15日 | 第二次世界大戦終結 |
| 1946年 | 弾道計算用コンピュータ　エニアック(ENIAC) |
| | 米国ペンシルベニア大学 |
| 1947年 | ストアード・プログラム方式の提唱　フォン・ノイマン |
| 1949年 | シャノンの情報理論に基づく暗号の論文 |
| | ノイマン型コンピュー EDSAC　英国ケンブリッジ大学 |
| 1952年 | 国防省国家安全保証局(NSA)設立　米国 |
| 1976年 | ディフィーとヘルマン　公開鍵暗合方式概念の提案 |
| 1977年 | 米国商務省　アルゴリズム公開型標準暗号 DES の制定 |
| | 公開鍵暗号　RSA暗号発表 |
| 1979年 | 公開鍵暗号　ラビン暗号方式発表 |
| 1981年 | 米国規格協会(ANSI) DES を DEA(Data Encryption Algorithm)という名称で標準化 |
| 1984年 | NTT　公開鍵暗号方式のESIGNという暗号を発表 |
| 1985年 | チャウム　ブラインド署名を提案 |
| | 日本電信電話公社が民営化され日本電信電話(NTT)が誕生。電気通信事業法が改正され通信の自由化が始まる。これによりパソコン通信が始まる基盤ができる |
| | NTTが日本国内初の64ビットブロック暗号(共通鍵暗号)FEALを発表 |
| 1987年 | NTTがFEALの安全性を高めたFEAL-4を発表 |
| 1988年 | NTT　アルゴリズム公開型共通鍵暗号FEAL-8を発表 |
| 1989年 | 日立製作所　暗号MULTI2のアルゴリズムを発表 |
| 8月 | NTT　暗号FEAL-8を100万円の懸賞金付きで解読を公募 |
| 1990年 | NTTが日本国内初となるデジタル署名として素因数分解問題ベースのメッセージ添付型デジタル署名ESIGN(Efficient digital SIGNature scheme)を開発 |
| | 世界初のウェブブラウザが欧州原子核研究機構(CERN)によって無償公開される |
| | 差分攻撃法　発表 |
| | NTT　暗号FEAL-N、FEAL-NXを発表 |
| 1991年 | ジマーマン　PGPを発表 |
| | アジア・クリプト(アジア暗号学会議) |
| 8月 | 欧州原子核研究機構(CERN)による世界初のウェブサイトが公開される |
| 1992年 | 商用インターネット接続サービスが国内で始まる |
| | Ascom Tech 暗号 IDEA を発表 |
| 1992年9月 | 文部省高エネルギー物理学研究所計算科学センター(KEK、現、高エネルギー加速器研究機構)による日本初のウェブサイトが公開される。 |
| 1993年 | 線形解読法の発表 |
| | 最初の暗号学的ハッシュ関数SHA(SHA-0)が発表される |
| | ウェブブラウザNetscape Navigatorが無償公開される |
| 1993年4月 | KES(鍵供託システム)　米国 |
| 5月 | マイクロソフトがWindows 3.1日本語版を発売。LAN Manager、Internet Explorerが搭載される |
| 1995年 | OECD　暗号政策会議(パリ開催) |
| | 新語・流行語大賞に「インターネット」が選出される |
| | 三菱電機、64ビットブロック型公開鍵暗号MISTY-1開発。鍵長は128ビット。W-CAMDの標準暗号に採用 |

| | |
|---|---|
| | 暗号学的ハッシュ関数SHA-0の脆弱性をNSAにより改修されSHA-1としてNISTにより標準化される |
| 1995年11月 | マイクロソフトがWindows 95日本語版を発売 |
| 1996年1月 | 通産省 電子商取引実証推進協議会を設立 |
| | クレジット決済システムSETバージョン0.0発表 |
| | 三菱電機 暗号MISTYを発表 |
| 1997年 | NISTがDESの後継となる共通鍵方式の暗号AESを公募 |
| 1997年5月 | クレジット決済システムSETバージョン1.0 |
| 9月 | DH法 特許の期限切れ |
| 1998年 | 米国商務省 暗号の輸出を自由化 |
| | NTTが米国NISTの次世代暗号AES公募に128ビットブロック暗号E2（Efficient Encryption algorithm）を応募 |
| | NTTがデジタル署名ESIGNの後継ESIGN-TSHを開発 |
| | NTTが日本国内初の素因数分解問題ベースの公開鍵暗号EPOCを開発 |
| 1998年4月 | NTT 公開鍵暗号EPOCを発表 |
| 6月 | コピープロテクションワーキング・グループ（CPTWG）5CによりDTCPが発表される |
| 7月 | マイクロソフトがWindows 98日本語版を発売 |
| 1999年 | NTTドコモが携帯電話で世界初のIP接続サービスを開始。携帯電話向け電子メールサービス、ウェブ閲覧サービスを開始 |
| 2000年 | RSA暗号の特許の期限切れ |
| | 内閣官房に「情報セキュリティ対策推進室」が設置される |
| | 三菱電機とNTTが共同で128ビットブロック暗号Camelliaを開発 |
| | NISTが公開鍵暗号AESにRijndaelを認定 |
| 2001年 | 高度情報通信ネットワーク社会形成基本法（IT基本法）が施行 |
| | Felicaチップを搭載したプリペイドカードSuicaに対応した自動改札がJR東日本エリアから導入開始 |
| | Felicaチップを搭載したプリペイド電子マネーカードEdy（現、楽天Edy）が登場 |
| | NTTがCamellia、PSEC、EPOC、ESIGNの基本特許を無償公開 |
| | NTTがPSECをベースに鍵配送を目的としたPSEC-KEMを開発 |
| | NSAにより暗号学的ハッシュ関数SHA-2が標準化される |
| 2003年 | NTT、三菱電機、日立製作所と共同で、楕円曲線上の離散対数問題ベースのメッセージ添付型デジタル署名ECDSAの高速化実装技術CRESERCを開発 |
| 2003年4月 | 世界初のBlu-rayレコーダが発売 |
| 12月 | 地上波デジタルテレビ放送を開始。限定受信システムにMULTI2暗号を採用したB-CASを採用 |
| 2005年 | 「情報セキュリティ対策推進室」が「情報セキュリティ対策推進室情報セキュリティ対策推進室」に改組 |
| 2006年 | Blu-ray Disc ROM規格を発表 |
| 2007年 | AppleがスマートフォンiPhoneを米国で発売 |
| 11月 | Googleがモバイル機器用OS Androidをオープンソースで発表 |
| 2008年 | 暗号理論関連のメーリングリスト上に「Satoshi Nakamoto」により仮想通貨ビットコインに関する論文が発表される。 |
| 6月 | AppleがスマートフォンiPhone 3Gを発売 |
| 2008年7月 | 地上波デジタルテレビ放送の録画ルールとしてコピー・ワンスを緩和したダビング10が導入される |
| 2009年 | 仮想通貨「ビットコイン（Bitcoin）」が運用開始 |

| | |
|---|---|
| 2010年 | Appleがタブレット端末iPadを発売 |
| 2011年 | D-Wave Systems（カナダ）による世界初の量子アニーリング方式による商用量子コンピュータ発売 |
| 2012年3月 | アナログTV放送が終了 |
| 2012年10月 | NISTの公募による暗号学的ハッシュ関数SHA-3が選ばれ、2015年に正式版が発行される |
| 2014年 | ビットコイン交換所マウントゴックス（Mt.Gox）仮想コインの巨額流出事件。相次ぐ巨額流出事件の始まり |
| 2015年 | 「情報セキュリティ対策推進室情報セキュリティ対策推進室」が「内閣サイバーセキュリティセンター（NISC）」に改組 |
| 2016年 | IBM、5量子ビットの量子ゲート方式の量子コンピュータを発表。クラウドで公開 |
| 2016年12月 | 米国国立標準技術研究所（NIST）が量子耐性アルゴリズムの次世代公開鍵暗号の公募（1年間） |
| 2017年11月 | IBM、商用向けの20量子ビットの量子コンピュータの提供と50量子ビットの量子コンピュータの準備を発表 |
| 2018年4月 | 米国フロリダでNIST主催の量子耐性暗号である新暗号標準化会議が初めて開催 |

Digital Cypher Revolution
デジタル暗号革命

# Index

## 数字

| | |
|---|---|
| 10番A | 110 |
| 16進数 | 016 |
| 2.5世代 | 104 |
| 2G | 104 |
| 2段階認証 | 190 |
| 4K | 101 |
| 5C | 092 |

## 英語

| | |
|---|---|
| AACS | 100 |
| AACS2.0 | 101 |
| acrostic | 028 |
| ADSL | 103 |
| Advanced CAS | 099 |
| AES | 101, 161 |
| ANSI | 148 |
| Apple Pay | 196 |
| ARIB限定受信方式 | 097 |
| ARPAnet | 106 |
| ARPスプーフィング | 106 |
| ASCIIコード | 015 |
| attacker | 011 |
| BD | 100 |
| Bletchley Park | 229 |
| block cipher | 033 |
| Blu-ray Disc | 100 |
| breake | 011 |
| BtoB | 103 |
| C-38型器 | 050 |
| C2 | 088 |
| CBCモード | 145 |
| CCCD | 078 |
| CCI | 093, 094 |
| CDMA | 104 |
| CDS | 078 |
| CFBモード | 146 |
| CGMS-A | 076 |
| Cinavia | 101 |
| Cipher | 011 |
| clipper | 235 |
| Content ID | 208 |
| convolutional ciphr | 034 |
| CPRM | 088 |
| CPS | 184 |
| CPTWG | 091 |
| crack | 011 |
| cracker | 012 |
| crib | 229 |
| Cryptography | 011 |
| CRYPTREC | 237 |

| | |
|---|---|
| CRYPTREC暗号リスト | 238 |
| CSR | 185 |
| CSS | 085 |
| CSS暗号ストリーム | 085 |
| CVSD | 112 |
| Cynthia Dwork | 226 |
| Cypher | 011 |
| D-Wave 2X | 225 |
| D-Wave Systems | 223 |
| DAT | 082 |
| DEA | 148 |
| decipherment | 011 |
| decord | 011 |
| decryption | 011 |
| DES | 148 |
| DESは群れをなさない | 155 |
| DHSG | 091 |
| DH鍵交換 | 168 |
| DH法 | 168 |
| Diffie-Hellman（DH）鍵交換 | 093 |
| DRM | 085 |
| DSA | 093 |
| DSA署名 | 180 |
| DTCP | 092 |
| DTCP-IP | 095 |
| DTDG | 091 |
| DTLA | 093 |
| DVD | 085 |
| DV端子 | 091 |
| E-EMI | 095 |
| EANコード | 124 |
| ECBモード | 145 |
| ECC | 177 |
| ECDH | 177 |
| ECDLP | 177, 179 |
| ECDSA | 180 |
| ECM | 097 |
| ECOM | 193 |
| EDI | 103 |
| EDSAC | 047 |
| Edyカード | 196 |
| EMI | 094 |
| EMM | 097 |
| encipherment | 011 |
| EPS | 085 |
| Fast payment | 220 |
| FDD | 104 |
| FEAL | 157, 159 |
| FEAL - 4 | 157 |
| FEAL - N | 160 |
| FEAL - NX | 160 |

251

| | | | |
|---|---|---|---|
| FeliCa | 137 | OFBモード | 147 |
| FeliCaチップ | 196 | P2P | 215 |
| fintech | 215 | PASMO | 196 |
| Firewire | 091 | PBKDF2 | 183 |
| Friedman | 040 | PCP | 095 |
| George Fabyan | 040 | PEKS | 214 |
| Google Wallet | 197 | PGP | 107, 211 |
| HCE | 197 | PKI | 186, 213 |
| HDCP | 087 | plain text | 011 |
| HDCP2.2 | 101 | polyalphabetic cipher | 036 |
| HDMI | 087 | PoW | 216 |
| HDMI2.0a | 101 | Proof of Work | 216 |
| HDTV | 097 | QPSK | 112 |
| Hebern | 038 | QRコード決済 | 197 |
| HEVC | 101 | QUICPay | 196 |
| i.Link | 091 | Rijndael | 161 |
| IBE | 213 | RIPEMD | 183 |
| IBM | 223 | Riverbank Laboratories | 040 |
| iD | 196 | Room 40 | 045 |
| IDベース暗号 | 213 | rootkit | 080 |
| IDベース暗号化方式 | 213 | RSAREF | 213 |
| IDベース鍵共有方式 | 213 | RSA暗号 | 170, 211 |
| IDベース鍵配送方式 | 213 | RSA公開鍵暗号 | 148 |
| IEEE1394 | 091 | RSAデータ・セキュリティー | 155 |
| IP電話 | 103 | S/MIME | 106 |
| IP網 | 103 | Satoshi Nakamoto | 215 |
| ISDN | 103 | SCMS | 082 |
| ISO/IEC-15408(CC) | 237 | SEPP | 193 |
| ITセキュリティ評価及び認証制度 | 237 | SET | 193 |
| J | 054 | SGX | 101 |
| JAN | 124 | SHA-1 | 182 |
| JISEC | 237 | SHA-2 | 182 |
| JPO | 193 | SHA-256 | 182 |
| KCD | 101 | SIGABA | 052 |
| key | 012 | skipjack | 235 |
| KGC | 213 | SMS認証 | 190 |
| KPS | 187, 213 | SRM | 093 |
| L2TP/Ipsec | 108 | SSL | 236 |
| Lattice | 226 | stream cipher | 033 |
| LTE-Advanced | 104 | substitution | 019 |
| M-209機 | 050 | Suica | 196 |
| MD | 082 | S関数 | 152 |
| MD5 | 182 | TCP/IP | 106 |
| Miklos Ajtai | 226 | TDMA | 104 |
| MIT | 212 | TLS | 107, 236 |
| MITM攻撃 | 174 | TOC | 078 |
| MKB | 088 | triple-DES | 155 |
| MPEG-2 | 085 | TTL | 096 |
| MPEG-2TS | 097 | Type A | 137 |
| MULTI2 | 098 | Type B | 137 |
| MULTI6 | 094 | UHD BD | 101 |
| NBS | 148 | Ultra HD Blu-ray | 101 |
| Netscape Navigator | 148 | VoIP | 107 |
| NFC | 137, 196 | VPN接続 | 107 |
| NISC | 237 | WAON | 196 |
| NIST | 161, 182, 226, 228 | XCP | 080 |
| nonce | 216 | XingDVD | 088 |
| NSA | 106, 148 | XKEYSCORE | 106 |
| NTSC | 075 | | |

## あ

| | |
|---|---|
| アタッカー | 011 |
| アタック | 011 |
| アドルマン | 170 |
| 穴あきシート法 | 046 |
| あみだ | 157 |
| アメリカのブラック・チェンバー | 053 |
| アラン・M・チューリング | 046 |
| アルゴリズム | 011 |
| アルトゥール・シェルビウス | 044 |
| アレクサンデル・フォン・クリハ | 049 |
| 暗号化 | 011 |
| 暗号解析 | 011 |
| 暗号解読コンテスト | 155, 228 |
| 暗号学的ハッシュ関数 | 181 |
| 暗号器B型 | 054 |
| 暗号帰還モード | 146 |
| 暗号辞書 | 031 |
| 暗号表 | 031 |
| 暗号ブロック連鎖モード | 145 |
| 暗号文 | 011 |
| 暗号文単独攻撃法 | 229 |
| 暗号法 | 011 |
| 安全保障局 | 148 |
| イモビライザー | 115 |
| 陰字詩 | 028 |
| インターレース | 075 |
| 陰文式 | 033 |
| ウィキリークス | 224 |
| ウィリアム・フリードマン | 037 |
| ウィルクス | 047 |
| ウエイ・ダイ | 215 |
| 上杉暗号 | 021 |
| 英国海軍コード解読作業質40号 | 045 |
| エドガー・アラン・ポー | 059, 120 |
| 江戸川乱歩 | 059, 061 |
| エドワード・スノーデン | 224 |
| エニアック | 047 |
| エニグマ暗号機 | 044 |
| 円盤式暗号機 | 037 |
| 往復遅延時間 | 096 |
| オープンブロックチェーン | 216 |
| 踊る人形 | 059 |
| 小野小町 | 028 |
| 折句 | 028 |

## か

| | |
|---|---|
| 解読 | 011 |
| 下位認証局 | 184 |
| カエサル暗号は群れをなす | 155 |
| 蛙飛び現象 | 197 |
| 鍵 | 012 |
| 鍵事前配送方式 | 213 |
| 鍵字列 | 012 |
| 鍵生成センター | 213 |
| 拡張カサエル暗号 | 036 |
| カサエル暗号 | 019 |
| 仮想通貨 | 144, 215 |
| 画素値LSB変更法 | 205 |

| | |
|---|---|
| 換字式 | 019 |
| 換字表 | 021 |
| 完全認証 | 094 |
| キーエスクロー | 235 |
| キーワード検索暗号 | 214 |
| 疑似乱数 | 144 |
| 既知平文攻撃法 | 228, 229, 230 |
| 基底ベクトル | 226 |
| キャッシュアウト | 215 |
| 九一式印字機 | 054 |
| 九七式印字機 | 054 |
| 共通鍵暗号 | 142 |
| ギルバート・バーナム | 041 |
| クラウドメール | 107 |
| クラッカー | 012 |
| クラック | 011 |
| クリッパー | 235 |
| クリハ暗号機 | 049 |
| クリプトグラフィー | 011 |
| グリル式 | 027 |
| グループ署名 | 201 |
| クレジット決済システム | 193 |
| 月光の曲作戦 | 056 |
| 限定受信システム | 097 |
| 公開鍵暗号 | 167 |
| 公開鍵証明書 | 184 |
| 公開鍵認証 | 213 |
| 公開鍵認証基盤 | 186 |
| 攻撃 | 011, 205 |
| 攻撃者 | 011 |
| 格子 | 226 |
| 格子点 | 226 |
| 格子ベクトル | 226 |
| 後方互換性 | 102 |
| コーデル・ハル | 057 |
| コード | 031 |
| コードネーム | 030 |
| コードブック | 031 |
| 黄金虫 | 059 |
| 国立標準技術研究所 | 161, 182, 226, 228 |
| ココム | 238 |
| 故障解析 | 232 |
| 故障差分解析 | 232 |
| コナン・ドイル | 059 |
| コピー管理情報 | 093 |
| コピーコントロール | 078 |
| コピー世代管理システム | 076 |
| コピープロテクト | 012 |
| コピーワンス | 098 |
| コベントリー | 056 |
| コロッサス | 047, 056 |
| コンテンツ・スクランブル・システム | 085 |

## さ

| | |
|---|---|
| サーバ証明書 | 185 |
| 最近ベクトル問題 | 227 |
| 最短ベクトル問題 | 227 |
| サイドチャネル攻撃 | 232 |
| サイバートラスト社 | 184 |

| | |
|---|---|
| サイファー ……………………………… 011 | ダイナミックDNSサービス ……………… 108 |
| サイファーパンク ……………… 215, 236 | タイミング解析 …………………………… 233 |
| 差動電力解析 ……………………………… 233 | タイムスタンプ方式 ……………………… 190 |
| 差分解読法 ………………………… 149, 230 | 楕円エルガマル暗号 ……………………… 177 |
| 差分攻撃法 ………………………………… 160 | 楕円曲線 …………………………………… 177 |
| シーザー暗号 ……………………………… 019 | 楕円曲線DSA ……………………………… 177 |
| シード ……………………………………… 144 | 楕円曲線DSA署名 ………………………… 180 |
| ジェリー・ロシキ ………………………… 045 | 楕円曲線暗号 ……………………………… 177 |
| 資格管理メッセージ ……………………… 097 | 楕円曲線ディフィー・ヘルマン鍵共有 … 177 |
| 資格制御メッセージ ……………………… 097 | 多項式時間 ………………………………… 225 |
| シガバ ……………………………………… 052 | 多重署名 …………………………………… 201 |
| ジガルスキー・シート法 ………………… 046 | 畳込み暗号 ………………………………… 034 |
| 自己暗号解読機能 ………………………… 231 | 多表式暗号 ………………………… 036, 062 |
| 自己改造機能 ……………………………… 231 | ダビング10 ………………………………… 098 |
| 時刻同期方式 ……………………………… 190 | 多要素認証 ………………………………… 190 |
| 仕事の証明 ………………………………… 216 | 単純代用法 ………………………………… 019 |
| 辞書攻撃 …………………………………… 190 | タンパレジスタント ……………………… 232 |
| 指数関数時間 ……………………………… 225 | 単文字換字式 ……………………… 019, 022 |
| システム・アナライズ攻撃 ……………… 232 | 置換法 ……………………………………… 024 |
| ジマーマン ………………………………… 211 | 地上デジタルテレビ放送 ………………… 097 |
| ジム・ビゾス ……………………………… 212 | チャレンジレスポンス認証 ……………… 191 |
| 指紋 ………………………………………… 204 | 中間者攻撃 ………………………………… 174 |
| シャミア …………………………………… 170 | 中間認証局 ………………………………… 184 |
| ジャンガダ ………………………………… 062 | 通信語 ……………………………………… 012 |
| 周波数分割複信 …………………………… 104 | 通信隊情報部（SIS） ……………………… 053 |
| 周波数変更方式 …………………………… 206 | ディフィー ………………………… 167, 229 |
| ジュール・ベルヌ ………………………… 062 | ディフィー・ヘルマン鍵交換 …………… 168 |
| 出力帰還モード …………………………… 147 | データ・ハイディング …………………… 204 |
| ショアのアルゴリズム …………………… 225 | データ埋め込み …………………………… 204 |
| 情報セキュリティ対策推進室 …………… 237 | データ拡散装置 …………………………… 157 |
| 証明書署名要求 …………………………… 185 | 適応的選択暗号文攻撃 …………………… 230 |
| ジョージ・フェイビアン ………………… 040 | 適応デルタ変調 …………………………… 112 |
| ジョン・レック・ヨハンセン …………… 087 | デジタル証明書 …………………………… 185 |
| シリアル・コピー・マネージメント・システム … 082 | デジタル署名 ……………………………… 180 |
| シリンダー暗号機 ………………………… 043 | デジタル著作権管理 ……………………… 085 |
| 新暗号標準化会議 ………………………… 226 | デジタル認証書 …………………………… 184 |
| スキップジャック ………………………… 235 | デビット・チャウム ……………………… 198 |
| スキュタレー暗号 ………………………… 024 | 電子コードブックモード ………………… 145 |
| スタンリー・クール・ホーンベック …… 058 | 電子書名 …………………………………… 180 |
| ステガノグラフィー ……………………… 204 | 電子商取引実証推進協議会 ……………… 193 |
| ストリーム暗号 …………………… 033, 144 | 電子透かし ………………………… 202, 204 |
| スノーデン・ファイル …………………… 106 | 電子認証書 ………………………………… 184 |
| スペクトラム拡散技術 …………………… 204 | 電子メールクライアント ………………… 106 |
| スマートキーシステム …………………… 115 | 電信 ………………………………………… 012 |
| 制限付き認証 ……………………………… 094 | 転置式 ……………………………………… 024 |
| セキュリティトークン …………………… 190 | 電力解析 …………………………………… 233 |
| ゼロ知識証明 ……………………………… 201 | 電話番号認証 ……………………………… 190 |
| 線形解読法 ………………………………… 230 | トークン …………………………………… 190 |
| 選択暗号攻撃法 …………………………… 229 | 匿名電子通貨 ……………………………… 198 |
| 選択平文攻撃法 …………………………… 229 | トポロジカル相 …………………………… 224 |
| 総当たり攻撃 ……………………… 155, 228 | トミー・フラワーズ ……………………… 047 |
| ソーシャルDRM ………………………… 202 | トランザクション ………………………… 220 |
| ソルト値 …………………………………… 183 | |
| | **な** |
| **た** | ナンス ……………………………………… 216 |
| 対共産圏輸出統制委員会 ………………… 238 | ニール・コブリッツ ……………………… 177 |
| 対称鍵 ……………………………………… 142 | 二重支払い攻撃 …………………………… 220 |
| 対称鍵暗号 ………………………………… 142 | 二銭銅貨 …………………………………… 061 |
| 対称鍵方式 ………………………………… 142 | 二要素認証 ………………………………… 190 |

認証局 ················· 184
認証兼務運用既定 ··········· 184
ネットスケープ ············· 236

## は

ハーバート・ヤードリー ········· 053
パープル ················· 054
排他的論理和 ·············· 144
バケツリレー攻撃 ············ 174
ハッシュ関数 ·········· 144, 181
ハリー・デクスター・ホワイト ······ 058
ハル・ノート ·············· 057
ヒーバン ················· 038
ビクタ・ミラー ············· 177
非接触ICカード ············ 196
非線形処理 ··············· 154
ビットコイン ·············· 215
秘密鍵 ················· 142
秘密鍵暗号 ··············· 142
標準暗号 ················ 228
標準共通鍵暗号AES ·········· 157
平文 ·················· 011
フィリップ・ジマーマン ········· 107
フィンガー・プリント ······ 144, 208
フィンセント・ライメン ········· 161
フィンテック ·············· 215
フェアブラインド署名 ·········· 201
フォーク ················· 220
復号 ·················· 011
複製防止 ················ 012
ブラインド署名 ············· 198
フラグ検出型 ·············· 084
ブラック・チェンバー ······· 040, 053
フリードマン ··········· 040, 052
ブルー ················· 053
ブルートフォース攻撃 ······· 190, 228
プルーフ・オブ・ワーク51%攻撃 ··· 221
ブレッチリー・パーク ·········· 045
プローブ解析 ·············· 232
ブロック暗号 ·············· 033
ブロック暗号モードの操作 ······· 145
ブロックチェーン ············ 215
プロテクト ··············· 012
分散型取引台帳技術 ·········· 215
分散型ネットワーク ··········· 215
米国規格協会 ·············· 148
米国国家安全保障局 ·········· 106
米国商務省標準局 ··········· 148
ベビーベッド ·············· 229
ベリサイン社 ·············· 184
ヘルマン ············· 167, 229
ヘンリク・ジガルスキー ········· 045
ホァン・ダーメン ············ 161
ホイートストン ············· 037
ホイットフィールド・ディフィー ····· 229
ポケット型C-28型暗号機 ······· 049
ホスト信号 ··············· 205
ホットウォレット ············ 220
ボリス・ハーゲリン ··········· 049

ポリュビオス ·············· 021
ポリュビオスの換字表 ·········· 021
翻訳 ·················· 011

## ま

マーカー ················· 204
マーティン・エドワード・ヘルマン ···· 229
マクロビジョン ············· 074
マジック ················· 055
マスキング効果 ············· 202
松井充 ················· 230
マトリックス認証 ············ 191
マヨラナ粒子 ·············· 224
マルチシグ ··············· 220
マンティックセキュリティ ········ 229
未知のことば ·············· 018
ムーアの法則 ·············· 155
メッセージダイジェスト ····· 144, 181
メッセージ認証コード ·········· 183
メディア鍵領域 ············· 088
モールス符号 ·············· 012

## や

約束語 ················· 030
破る ·················· 011

## ら

頼山陽 ················· 011
ラティス式 ··············· 027
ランチタイム攻撃 ············ 230
リアン・レイエウスキー ········· 045
リープフロッグ現象 ··········· 197
離散対数問題 ·············· 177
リジョーナル・コード ·········· 087
リバーバンク研究所 ······· 037, 040
リベスト ················· 170
量子アニーリング ············ 223
量子ゲート方式 ············· 223
量子コンピュータ ············ 223
量子耐性アルゴリズム ·········· 226
量子の重ね合わせ ··········· 223
量子のもつれ ·············· 223
量子ビット ··············· 223
リング署名 ··············· 201
ルーズベルト ·············· 052
ルート証明書 ·············· 185
ルート認証局 ·············· 184
レインボーテーブル攻撃 ········· 183
レジナルド・ホール ··········· 045
レッド ················· 053
レッドブック ·············· 080
ローレンツ ··············· 047
ロナルド・ノックス ··········· 046
ロバスト性 ··············· 205

## わ

ワイヤータップ ············· 011
ワッセナー・アレンジメント ······· 238
ワンタイムパスワード ·········· 190

[著者プロフィール]

吹田 智章（すいた としあき）

理科学計測機器、半導体関連機器等の製造経験後、CPU 組み込みシステムの開発、設計、半導体回路設計（PLD、ASIC）に従事。

『The BASIC』（ざべ）（技術評論社）に海外レポートを投稿したのをきっかけに執筆活動を開始。ソフトバンクの『DOS/V magazine』での製品テストを中心に同社のネットワーク雑誌などにも製品レビュー、技術解説などを執筆してきた。

現在、執筆活動の他、技術開発支援、ICT コンサルティングなどに携わっている。

※本書は 1998 年 7 月刊行『暗号のすべてがわかる本』（技術評論社）を元に、2018 年現在に即した内容に修正・加筆したものです。

装丁・デザイン⋯⋯米谷テツヤ
DTP⋯⋯⋯⋯⋯⋯⋯うすや

# 暗号技術の教科書

2018 年 12 月 28 日　初版第 1 刷発行

著　者　吹田智章
発行者　黒田庸夫
発行所　株式会社ラトルズ
〒 115-0055　東京都北区赤羽西 4-52-6
電話 03-5901-0220　FAX 03-5901-0221
http://www.rutles.net

印　刷　株式会社ルナテック

ISBN978-4-89977-483-9
Copyright ©2018 Toshiaki Suita
Printed in Japan

【お断り】

● 本書の一部または全部を無断で複写複製することは、法律で認められた場合を除き、著作権の侵害となります。

● 本書に関してご不明な点は、当社 Web サイトの「ご質問・ご意見」ページ（https://www。rutles。net/contact/index。php）をご利用ください。電話、ファックスでのお問い合わせには応じておりません。

● 当社への一般的なお問い合わせは、info@rutles。net または上記の電話、ファックス番号までお願いいたします。

● 本書内容については、間違いがないよう最善の努力を払って検証していますが、著者および発行者は、本書の利用によって生じたいかなる障害に対してもその責を負いませんので、あらかじめご了承ください。

● 乱丁、落丁の本が万一ありましたら、小社営業宛てにお送りください。送料小社負担にてお取り替えします。